煤炭深部开采中的岩石力学问题及动力灾害防治基础研究学术丛书

储层岩石细观结构表征与变形破坏行为

杨永明　鞠　杨　彭瑞东　著

本书出版得到以下项目资助：

国家杰出青年科学基金项目(编号:51125017)

国家重点基础研究发展计划(编号:2010CB226804)

国家自然科学基金面上项目(编号:51374213)

2014年度江苏省双创团队

江苏省高校优势学科建设工程资助项目

科学出版社

北　京

内 容 简 介

本书详细介绍了储层岩石细观结构(孔/裂隙)的空间形态和分布特征。基于统计学原理和数学方法,建立了储层岩石孔/裂隙模型的重构方法和重构模型。基于细观孔/裂隙重构模型和孔/裂隙岩石的物理模型,系统分析了孔/裂隙对岩石强度、泊松比和弹性模量等宏观力学性能的影响,研究了内部非连续的细观孔/裂隙结构对岩石变形破坏、应力场和裂缝扩展影响的力学机理。同时从能量角度分析了三轴应力作用下岩石变形破坏和裂缝扩展的能量机制,揭示了温度作用对岩石孔/裂隙细观结构演化规律和破坏裂缝扩展的影响机理。

本书可供高等院校工程力学、采矿工程、地质工程、油气开发以及土木工程等专业的师生和相关工程技术人员参考和使用。

图书在版编目(CIP)数据

储层岩石细观结构表征与变形破坏行为/杨永明,鞠杨,彭瑞东著.—北京:科学出版社,2016.1

(煤炭深部开采中的岩石力学问题及动力灾害防治基础研究学术丛书)

ISBN 978-7-03-046910-6

I.①储… Ⅱ.①杨…②鞠…③彭… Ⅲ.①储集层-岩石-结构性能-研究②储集层-岩石-岩石力学-研究 Ⅳ.①P618.130.2②TU45

中国版本图书馆 CIP 数据核字(2015)第 311436 号

责任编辑:刘宝莉 / 责任校对:桂伟利
责任印制:张 倩 / 封面设计:左 讯

科 学 出 版 社 出版
北京东黄城根北街 16 号
邮政编码:100717
http://www.sciencep.com

中国科学院印刷厂 印刷
科学出版社发行 各地新华书店经销

*

2016 年 1 月第 一 版 开本:720×1000 1/16
2016 年 1 月第一次印刷 印张:13 1/2 彩插:4
字数:270 000
定价:98.00 元
(如有印装质量问题,我社负责调换)

前　　言

　　随着浅表矿产资源的日益枯竭,矿物资源地下开采的深度越来越大,人类的工程活动已经深入到地下 4000m 以下的深度,如千米深度的煤炭和金属矿产资源开采、数千米深度的油气资源开发、埋深逾千米的引水隧道、核废料的深层地质处理问题、深部地下防护工程等。深部矿产资源开发和工程建设最直接的作业对象是岩石,由于深部储层岩石所处的地质环境非常复杂,加上岩石微细观结构的无序、跨尺度和不连续特性,传统的基于连续介质的岩石力学理论难以科学准确地阐述和分析储层岩石的变形破坏、强度特征,对岩石的微细观变形破坏机理,特别是裂缝空间的起裂与扩展规律,缺乏足够的认识,难以建立准确的岩石变形破坏的判别准则,这已成为制约深部资源高效安全开采技术应用与发展的瓶颈难题。

　　天然岩石内部存在着大量不同尺度微细观缺陷(如孔隙、裂隙等),这些微观缺陷及其在外部载荷和环境作用下的演化规律直接影响着岩石的物理、力学和化学性质,认识和定量刻画微观孔/裂隙结构对岩石性质的影响,对于解决矿山、石油、地质、冶金、土木和水利工程中的实际问题具有十分重要的意义。然而,天然岩石孔/裂隙跨尺度无序分布,数量多且形态复杂,孔/裂隙的数量、形状、大小、空间分布以及它们随外部条件的变化规律异常复杂,加上受试验设备、技术和方法的限制,人们难以通过试验直接和定量地观测岩石内部孔/裂隙结构的演化模式、连通性、应力场和应变场等一系列对孔隙岩石宏观物理力学性质起决定作用的内部机制,一系列重要的岩石力学现象和力学行为无法得到合理的解释和科学的描述。岩石就像一个“黑箱”,人们更多地利用试验手段来观察岩石的表观物理、力学和化学性质的变化,从而间接地反映孔/裂隙结构特征及其影响。因此,人们需要深入分析和研究岩石内部细观孔/裂隙结构的空间形态和分布特征,从而建立能准确反映岩石内部微观结构的数值模型,利用这种模型就可以定量地描述岩石内部孔/裂隙的分布与演化,为揭示岩石渗透性、电导率、波速、颗粒吸附力、储层产能、物质传输、应力波动以及损伤破坏等一系列复杂的物理力学现象的内在本质、打开岩石这个“黑箱”创造条件。

　　本书详细介绍了岩石细观孔/裂隙结构模型重构及变形破坏行为,汇集了作者近些年来开展孔/裂隙岩石模型重构方法和岩石变形破坏与裂缝扩展机理的部分研究成果,部分内容已经在国内外学术期刊上公开发表。全书共 8 章,内容涵盖了岩石细观孔/裂隙结构几何信息的提取方法和空间几何分布特征、岩石孔隙/裂隙模型的重构方法和重构模型、劈裂荷载作用下细观孔隙结构的演化规律及其对岩石宏观力学性质的影响、卸载条件下裂隙岩石变形破坏的能量特征、高温作用下孔隙结构的演化特征及其对岩石变形破坏的影响,以及三轴应力下岩石裂缝扩展的空间分布特征和能量机制等。

　　本书出版得到了国家杰出青年科学基金项目(编号:51125017)、国家重点基础研究发展计划(973计划)(编号:2010CB226804)、国家自然科学基金面上项目(编号:51374213)、2014年度江苏省双创团队和江苏省高校优势学科建设工程资助项目的资助,在此作者深表感谢。

　　岩石内部微细观结构的分布特征、演化规律及其对岩石内部应力场、应变场、破坏裂缝扩展规律的影响机理是一个世界性难题,还有待继续深入研究。由于作者水平有限,书中难免存在不足之处,敬请读者批评指正。

目　　录

彩图

第1章 绪 论

随着矿山资源的开发,地球的浅部资源已逐步枯竭,开采深度越来越深。从资源开采来说,目前煤炭开采深度已达 1500m,地热开采深度超过 3000m,有色金属矿开采深度超过 4350m,油气资源开采深度达 7500m,未来深部资源开采将成为常态[1]。深部矿产资源开发和工程建设最直接的作业对象是岩石,储层岩石在宏观尺度上是一种均匀、连续、各向同性介质,但进一步研究其微细观结构时,岩石储层却是不均匀、不连续和各向异性的,其内部含有大量不同规模、形状各异的基体、相互连通的孔/裂隙和各种夹杂。这些缺陷使得岩石微观结构具有极端不规则性,主要表现为孔/裂隙空间结构的复杂性和无序性。研究结果表明,孔隙结构特征,如孔隙度、孔隙形状、孔隙空间分布、裂隙形状和连通性等对岩石物理力学性质有很大影响,如力学行为[2~6]、流体渗流[7,8]、松弛时间[9]、热性能[10]及电阻率[11]等。

储层岩石孔/裂隙结构与石油天然气等开采领域中的很多问题密切相关,如含油岩石储层的孔/裂隙结构对于中高含水期剩余油的分布规律、调整注采井网、确定进一步挖潜方向和提高采收率等都有很大的影响。在油气勘探开采中,岩石孔隙结构的差别是导致复杂储集层油气层电阻率测井响应复杂多变的主要原因之一,孔隙结构参数,如孔喉配位数、颗粒表面水膜厚度等的变化对含油气储集层岩石电阻率性质的影响与控制作用都起着很重要的作用[12]。在低孔低渗储集层中,孔/裂隙结构直接影响储集层产能的评价和油、气、水层测井评价的准确性。在储集层评价中,孔/裂隙结构是储集层性质微观物理研究的核心,其裂隙、喉道类型以及它们的分布情况,与储层岩石的物理特性和储集性能有着密切关系[13]。

储层岩石中的孔/裂隙结构为地下油气和水资源提供了储存场所和运移通道。地下开采活动打破了岩体的初始应力平衡状态,导致应力场重新分布,同时使得岩石中的孔/裂隙结构产生变形或破坏,改变了岩体的渗流场分布与渗流性质。随着地下开采与工程建设规模的扩大,这种岩体孔/裂隙结构-渗流-应力耦合现象成为工程和理论界高度关注的重要问题。研究表明:我国 90%以上的煤矿突水事故与岩层水渗透有关[14~19],80%以上的煤矿瓦斯突出事故与煤层开采和巷道掘进引发的煤岩体应力释放及瓦斯渗透性改变直接相关[20~22],35%~40%的水电工程大坝失事由渗透作用引起[23~25],90%以上的岩体边坡失稳破坏与地下水渗透有关[24,25]。此外,开采地表沉陷、水库诱发地震、高放核废料与污染物的地质封存和 CO_2 地下储存等均涉及岩体节理/裂隙演化、应力-渗流的相互作用与耦合等问题。

现有岩石类细观结构材料的非均质表征方法已经成功地应用于岩土工程材料的分析,并揭示了岩土工程材料的一些力学性质。但是大多数岩土工程材料的研究都是在传统表象理论基础上开展的宏观分析,众多理论和数值模型研究集中在岩石体的外部力学性质和力学过程上,需要进一步深入地分析岩石内部孔/裂隙结构的变化以及这种变化对岩石宏观力学性质和力学过程的影响,这样才能揭示引起岩石宏观性能变化的本质因素,进而对矿山、水利水电和土木工程的防灾和减灾进行科学的预测评估和控制。在土木工程中,孔/裂隙体的固结问题、基坑问题、抽排地下水引起的地表沉陷、隧道稳定与岩体渗流变形、大坝坝基的稳定性、山体滑坡和泥石流等;在采矿工程中,由于地下水流入矿井中引起的地面沉陷、裂隙岩层和煤层中瓦斯抽放、露天矿山边坡的稳定性、承压水上采煤、矿区水资源的保护等[26~29];在环境工程中,孔/裂隙岩体中污染物的传播问题、污染物控制系统中的岩石力学问题、地下核废料处理中的热-液-力耦合问题、裂隙岩体中污染物的处理等。在石油工程中,石油地质学的一个主要研究对象是油气储集层,而在储集层中,孔/裂隙结构是微观物理研究的核心。因此,深入研究储层孔/裂隙结构对揭示油气储集层的内部结构,从而对提高油气采收率及充分发挥油气层的产能有重要意义[30~32]。所有这些的问题都与岩土材料本身的微观孔/裂隙结构密切相关。

1.1　岩石力学性质和破坏机理研究现状

岩石力学性质及变形破坏机理的研究已有多年历史,国内外学者相继开展了大量的相关研究工作,获得了许多有意义的成果。早在 20 世纪 70 年代,国外的学者就开展了有关岩石热物理性质的研究工作,分析了温度作用对岩石热应变、膨胀系数、可压缩波传播性质、导热系数、渗透性、电导率等物理性质的影响[33~46]。岩石的基本力学性质指在应力作用下岩石表现出来的弹性、塑性、弹塑性、流变性、脆性、韧性等性质,具体主要包括岩石的杨氏模量、泊松比、抗压强度、抗拉强度和断裂韧性等。早在 60 年代学者们就开展了相关的研究,例如,Wingquist[47]通过试验得到了岩石的弹性模量、杨氏模量、剪切模量随温度的变化关系,发现在大约在 650℃以下杨氏模量和剪切模量随温度的升高而下降,超过 650℃后,温度对其影响不明显;姜永东等[48]研究了干湿循环条件下岩石的变形与单轴抗压强度、弹性模量等力学特性;熊德国等[49]利用开展了巴西劈裂、单轴压缩和常规三轴压缩试验,研究了饱水对砂岩、砂质泥岩和泥岩的强度、弹性模量、摩擦因素、黏聚力等力学性质的影响;孙萍等[50]利用 ORTHOPLAM 显微镜对岩石的显微结构及抗拉、抗压、抗剪断性质进行一系列试验研究;很多学者研究了花岗岩基本物理力学参数与温度的关系(包括花岗岩的变形模量、泊松比、抗拉强度、抗压强度、内聚力、内摩擦角、黏度、热膨胀系数等)[51~56]。还有其他一些学者开展了岩石的基本力学特性随温度的变化规律和岩石的破坏机理[57~64]。

岩石是由不同的矿物颗粒所组成的非均质体,由于组成岩石的各种矿物颗粒在高温条件下的热膨胀系数各不相同,岩石受热后,各种矿物颗粒的变形也不同,然而,岩石作为一个连续体,岩石内部各矿物颗粒不可能相应地按各自固有的热膨胀系数随温度变化而自由变形。因此,矿物颗粒之间产生约束,变形大的受压缩,变形小受拉伸,由此在岩石中形成一种由温度引起的热应力。应力最大值往往发生在矿物颗粒的边界处,如果此处的应力达到或超过岩石的强度极限(抗拉强度或抗剪强度),则沿此边界面的矿物颗粒之间的联结断裂,产生微裂纹,随着温度的提高,这些裂纹形成网络,这就是热-力耦合下岩石的破裂现象。不同的岩石,其门槛值温度不同,同一种岩石,由于其产地不同,门槛值温度也差异很大,这就迫使人们思考与研究岩石在温度和应力作用下的裂缝扩展机理[65~73]。

研究表明,与应力峰值相关联的破坏,首先是通过局部裂隙分布的发展使试件普遍弱化,而不是宏观破裂的发生,局部剪切破坏只是在峰值后才变得明显。组成岩石的矿物晶体颗粒通过晶界分子作用力或胶结物胶结力结合,即岩石的结构、构造与矿物成分对其物理力学性质有重要影响,材料的强度和韧性等性能对其微结构涨落的非线性具有较强的依赖性,因此采用传统的宏观力学分析方法(如断裂力学方法)解释岩石的微观现象是不恰当的。许江等[74]等对单轴应力状态下砂岩微观断裂发展过程的试验观测表明,虽然在砂岩试件内部形成的微裂隙有少量产生于矿物颗粒内部的一些原生缺陷,但绝大部分产生于晶粒边界及其胶结物中,且砂岩试件的断裂破坏正是这些晶粒边界及其胶结物中的微裂隙发展为微断层,进而相互串联贯通的作用结果。并且近年来对微裂隙的微观观察表明,大多数裂隙呈张性扩展。砂岩 MTS 试验断口是岩石断裂后留下的关于断裂过程的记录,蕴涵着丰富的断裂机理信息,可以应用于研究岩石的微观破坏机理。

细观力学借助于连续介质力学的方法,考虑细观尺度固体变形过程的本构关系,以材料破坏过程中的不均匀性为研究重点。组成岩石的矿物晶体颗粒的力学行为符合经典连续介质力学理论,颗粒性质的不同和晶界的存在是岩石不均匀性的原因。岩石细观力学研究将试验、理论分析和数值计算相结合,需要试验结果提供岩石细观力学研究的实测数据和判断标准,需要理论研究总结出岩石细观力学的基本原理和理论模型,需要数值模拟计算手段进行岩石细观力学的辅助研究。作为宏观断裂的先兆,材料的细观微孔洞损伤与汇合研究包括孔洞聚集形态的识别、演化规律、所致裂尖形貌等内容;细观微裂纹损伤研究包括加载引起的各向异性、加载路径相关性及平行于微裂纹面的压缩应力亦可引发非线性变形的耦联效应等内容;材料的细观界面损伤研究包括近程与远程孔洞损伤等内容;局部化带状损伤研究包括细观剪切带与带内损伤和细观屈曲折带及沿带损伤等内容[75]。

　　岩体的非连续性、非均质性、各向异性及含水性等致使工程岩体与岩石试件的力学性能差异颇大。因此一般视宏观岩体为裂隙介质,结构面特别发育时甚至可视为碎块体或散体介质,仅在坚硬岩体的局部宜视为连续介质。岩石强度理论包括库仑准则、摩尔强度准则、单剪应力类强度理论、双剪应力类强度理论、八面体剪应力类强度理论、节理岩体的剪应力类经验性强度准则等几十种,绝大多数是以材料的均匀性和连续性假设为前提,没有考虑到岩石的非连续性和断裂破坏过程。工程断裂力学发展于20世纪50年代之后,其研究对象是高强度脆性材料。在细观上岩石是一种非均质材料,在宏观的工程尺度上更是非均质的,岩石的破坏往往呈由结构面引发的脆性破坏特征。岩石的非均质性和非连续性结构特征,决定了其断裂力学属性。岩石断裂力学是20世纪80年代发展起来的现代岩石力学,压剪应力状态下闭合裂纹的扩展判据是岩石断裂力学研究的主要问题之一。根据Griffith理论,在微裂隙尖端形成的应力集中是引起裂纹扩展、连接和贯通并导致破坏的重要原因,即裂尖有效应力达到形成新裂纹所需能量时裂纹开始扩展。对远场为压应力的情况,裂隙将发生压密闭合,裂隙面上作用有法向压应力和切向剪应力,剪切力大于剪切强度时,裂隙将继续破裂[76]。

　　由于岩石孔/裂隙结构的复杂性以及基础理论和研究手段的局限,目前针对岩石的应力场演化规律和变形破坏行为以及细观结构对破坏性质的影响等方面的研究成果,与实际工程需要相距甚远。天然岩石原始存在着大量不规则跨尺度分布的孔/裂隙和软弱夹层等非连续薄弱结构。理论上讲,这些断续结构的几何形态、尺寸、分布、接触以及填充物性质决定着岩石整体力学响应与变形破坏行为,但由于断续结构的空间形态、分布与接触性质复杂,从理论上建立孔/裂隙岩石的整体力学响应、本构方程和变形破坏规律随细观结构特征与物性变化的解析关系极为困难,人们更多地忽略了细观结构的对变形、强度与破坏特征的影响。

1.2　本书的主要内容

　　本书共8章,第1章为本书主要内容的概述,简单介绍了基于细观结构的岩石力学性质及破裂机理研究的工程背景和科学意义,并对岩石孔/裂隙模型重构和建模方法的研究现状进行了归纳和总结。第2章介绍了岩石细观孔/裂隙结构几何信息的提取方法,分析了孔/裂隙结构的空间几何分布特征。第3章主要介绍了岩石孔隙/裂隙模型的重构方法,并建立了孔/裂隙三维重构模型。第4章主要介绍了基于三维重构模型开展孔隙岩石变形破坏力学机理的数值方法,揭示了微观孔隙结构对岩石力学性质、应力场及裂缝扩展规律的影响。第5章介绍了CT

加载装置和孔隙岩石物理模型的研制方法,分析了劈裂荷载下孔隙细观结构的演化特征及其对岩石力学性能的影响机理。第 6 章介绍了卸载条件下裂隙岩石变形破坏的能量特征。第 7 章介绍了温度作用下孔隙结构的演化规律及其对岩石变形破坏的影响。第 8 章介绍了三轴应力下岩石裂隙扩展规律和破裂能量机制。

参 考 文 献

[1] 谢和平,高峰,鞠杨. 深部岩体力学研究与探索[J]. 岩石力学与工程学报,2015,34(11):2161−2179.

[2] 时贤,程远方,蒋恕,等. 页岩微观结构及岩石力学特征实验研究[J]. 岩石力学与工程学报,2014,32(S2):3439−3445.

[3] 董茜茜,马国伟,等. 含充填物的大理岩裂隙扩展过程及破坏特性[J]. 北京工业大学学报,2015,41(9):1375−1382.

[4] 邓继新,周浩,王欢,等. 基于储层砂岩微观孔隙结构特征的弹性波频散响应分析[J]. 地球物理学报,2015,58(9):3389−3400.

[5] 肖巧林,唐伯明. 孔隙玄武岩力学性质试验研究[J]. 科学技术与工程,2014,14(33):272−276.

[6] 王宝善,陈颙,葛洪魁,等. 高孔隙岩石变形的离散单元模型[J]. 地球物理学报,2005,48(6):1336−1342.

[7] Sahimia M. Flow and transport in porous media and fractured rock [J]. Journal of Petroleum Science and Engineering,1996,16:181−182.

[8] Biswal B,Manwart C,Hilfer R. Three-dimensional local porosity analysis of porous media [J]. Physical A,1998,255:221−241.

[9] Hilfer R. Transport and relaxation phenomena in porous media [J]. Advance in Chemical-Physics,1996,92:299.

[10] Kennedy,Lawrence A,Fridman A A,et al. Superadiabatic combustion in porous media:Wave propagation, instabilities, new type of chemical reactor [J]. Fluid Mechanics Research,1995,22(2):1−26.

[11] Bekri S,Howard J,Muller J,et al. Electrical resistivity index in multiphase flow through porous media [J]. Transport in Porous Media,2003,51:41−65.

[12] 毛志强,高楚桥. 孔隙结构与含油岩石电阻率性质理论模拟研究[J]. 石油勘探与开发,2000,27(2):87−90.

[13] 甘秀娥. 低孔低渗砂泥岩储层裂缝发育程度与产能关系[J]. 天然气工业,2003,3(5):41−43.

[14] Zisman W A. Acomparison of the statically and seismologically determined elastic constants of rock[J]. Proceedings of the National Academy of Sciences,1933,19:680−686.

[15] Ide J M. Comparison of statically and dynamically determined Young's modulus of rocks [J]. Proceedings of the National Academy of Sciences,1936,22:81−92.

[16] 刘凯欣,刘颖. 液饱和多孔介质中三维应力波的传播[J]. 力学学报,2003,35(4):469—473.

[17] 张立海,张业成. 中国煤矿突水灾害特点与发生条件[J]. 中国矿业,2008,17(2):44—46.

[18] 于景邨,刘志新,刘树才,等. 深部采场突水构造矿井瞬变电磁法探查理论及应用[J]. 煤炭学报,2007,32(8):818—821.

[19] 虎维岳. 矿山水害防治理论与方法[M]. 北京:煤炭工业出版社,2005.

[20] 周心权,陈国新. 煤矿重大瓦斯爆炸事故致因的概率分析及启示[J]. 煤炭学报,2008,33(1):42—46.

[21] 周世宁,林柏泉. 煤矿瓦斯动力灾害防治理论及控制技术[M]. 北京:科学出版社,2007.

[22] 付建华,程远平. 中国煤矿煤与瓦斯突出现状及防治对策[J]. 采矿与安全工程学报,2007,24(3):253—259.

[23] 何峰,王来贵,王振伟,等. 煤岩蠕变-渗流耦合规律试验研究[J]. 煤炭学报,2011,36(6):930—933.

[24] 王华俊. 锦屏二级水电站闸基深厚覆盖层渗流分析与控制研究[D]. 成都:成都理工大学,2005.

[25] 仵彦卿,张倬元. 岩体水力学导论[M]. 成都:西南交通大学出版社,1995

[26] 陈占清,缪协兴. 影响岩石渗透率的因素分析[J]. 矿山压力与顶板管理,2001,2:84—86.

[27] 谢和平,冯夏庭. 灾害环境下重大工程安全性的基础研究[M]. 北京:科学出版社,2007.

[28] 张国新,武晓峰. 裂隙渗流对岩石边坡稳定的影响——渗流、变形耦合作用的 DDA 法[J]. 岩石力学与工程学报,2003,22(8):1269—1275.

[29] 罗蛰潭,王允诚. 油气储集层的孔隙结构[M]. 北京:科学出版社,1986.

[30] 秦积舜,李爱芬. 油层物理学[M]. 北京:中国石油大学出版社,2006.

[31] 杨胜来,魏俊之. 油层物理学[M]. 北京:石油工业出版社,2004.

[32] 胡志明,把智波,熊伟,等. 低渗透油藏微观孔隙结构分析[J]. 大庆石油学院学报,2006,30(3):51—53.

[33] Chstensen N I. Compressional wave veloeities in rocks at high temperature and Pressure, critical thermal gradients, and crustal low-velocity zones [J]. Journal of Geophysical Research,1979,84(B12):6849—6857.

[34] Vander M L. The shift of the $\alpha \sim \beta$ transition temperature of quartz associated with the thermal expansion of granite at high pressure[J]. Tectonophysics,1981,73:323—342.

[35] Kern H,Riehter A. Temperature derivatives of compressional and shear wave veIocities in crustal and mantle rocks at 6kbar confining pressure[J]. Journal of Geophysics,1981,49(1):47—56.

[36] Kern H. P- and S- wave velocities in crustal and mantle rocks under the simultaneous action of high Confining pressure,and high temperature and the effect of the rock microstructure [C]//High-pressure Research in Geoseience, E. Sehreizethart'sche Verlagsbuehhandlung. Stuttgart,1982:15—45.

[37] Wai R S C,Lo K Y,Rowe R K. Thermal stress analysis in rocks with nonlinear properties [J]. International Journal of Rock Mechanics and Mining Science & Geomechanics

Abstracts,1982,19(5):211—220.

[38] Ito K. Effeets of H_2O on elastic wave velocities in ultrabasic rocks at 900℃ under 1GPa [J]. Physics of the Earth and Planetary Interiors,1990,61(3-4):260—268.

[39] 杨树锋,陈汉林,姜继双,等. 高温高压下华南 I 和 S 型花岗岩的波速特征及其地质意义 [J]. 中国科学(D 辑),1997,27(1):33—38.

[40] 刘斌,葛宁洁,Kern H,等. 不同温压条件下蛇纹岩和角闪岩中波速与衰减的各向异性[J]. 地球物理学报,1998,41(3):371—382.

[41] 高平,杨僻元,李艳军. 秦岭-大别山壳幔岩石高温高压下的电性特征[J]. 地质科学,1998, 33(2):195—203.

[42] 赵发展,蔡敏龙,赛飞雅. 高温高压下岩石声波及电阻率实验研究[J]. 测井技术[J],1998, 22(增刊):3—5.

[43] 朱茂旭,谢鸿森,郭捷许,等. 高温高压下滑石的电导率实验研究[J]. 地球物理学报,2001, 44(3):429—435.

[44] 白利平,杜建国,刘巍,等. 高温高压下辉长岩纵波速度和电导率实验研究[J]. 中国科学(D 辑),2002,32(11):959—968.

[45] 黄晓葛,白武明,胡健民. 斜长角闪岩弹性和流变性质的高温高压实验研究[J]. 中国科学 (D 辑),2003,33(1):29—37.

[46] 张云霞,戴明刚,万芬,等. 高温高压下地幔矿物岩石电导率影响因素研究进展[J]. 地球物理学进展,2013,28(3):1336—1345.

[47] Wingquist C F. Elastic moduli of rock at elevated temperatures [J]. BurMines,1969,7269—7291.

[48] 姜永东,阎宗岭,刘元雪,等. 干湿循环作用下岩石力学性质的实验研究[J]. 中国矿业, 2011,20(5):104—110.

[49] 熊德国,赵忠明,苏承东,等. 饱水对煤系地层岩石力学性质影响的试验研究[J]. 岩石力学与工程学报,2011,30(5):998—1006.

[50] 孙萍,殷跃平,吴树仁,等. 东河口滑坡岩石微观结构及力学性质试验研究[J]. 岩石力学与工程学报,2010,29(s1):2872—2878.

[51] Almo J L L,Kou S Q. The influence of micro crack density on the elastic and fracture mechanical properties of stropa granite [J]. Physics of the Earth and Planetary Interiors, 1985,40(3):161—179.

[52] Suzuki K,Oda M,Kuwahara T,et al. Material property changes of granitic rock under long-term in immersion in hot water [J]. Engineering Geology,1995,40:29—39.

[53] 寇绍全,Alm O. 微裂隙和花岗岩的抗拉强度[J]. 力学学报,1987,19(4):366—373.

[54] 张静华,王靖涛,赵爱国. 高温下花岗岩断裂特性的研究[J]. 岩土力学,1987,8(4):11—16.

[55] 王靖涛,赵爱国,黄明昌. 花岗岩断裂韧度的高温效应[J]. 岩土工程学报,1989,11(6): 13—118.

[56] 徐小丽,高峰,沈晓明,等. 高温后花岗岩力学性质及微孔隙结构特征研究[J]. 岩土力学, 2010,31(6):1752—1758.

[57] Oda M. Modern developments in rock structure characterization[J]. Comprehensive Rock Engineering,1993,(S1):185—200.

[58] Kwon S,Kim J. Effect of temperature variation on a rock salt deformation—A case study [J]. Mining Technology,2005,114(2):89—98.

[59] 林睦曾. 岩石热物理学及其工程应用[M]. 重庆:重庆大学出版社,1991.

[60] 张晶瑶,马万昌,张风鹏. 高温条件下岩石结构特征的研究[J]. 东北大学学报,1996,17(1):5—9.

[61] 王颖轶,张宏君,黄醒春,等. 高温作用下大理岩应力-应变全过程的试验研究[J]. 岩石力学与工程学报,2002,21(S2):2345—2349.

[62] 黄炳香,邓广哲,王广地. 温度影响下北山花岗岩蠕变断裂特性研究[J]. 岩土力学,2003,12(S2):203—206.

[63] 谌伦建,赵洪宝,顾海涛,等. 煤层顶板砂岩在高温下微观结构变化的研究[J]. 中国矿业大学学报,2005,34(4):4432—446.

[64] 秦本东,谌伦建,晁俊奇,等. 高温石灰岩膨胀应力的试验研究[J]. 中国矿业大学学报[J],2009,38(3):326—330.

[65] Johnson B,Gangi A F,Handin J. Thermal cracking of rock subject to slow,uniform temperature changes [C]//Proceedings of the 19th US Symposium on Rock Mechanics. Nevada,1978,259—267.

[66] Fredrich J T,Wong T F. Micromechanics of thermally induced cracking in three crustal rocks[J]. Journal of Geophysical Research,1986,91(B12):1243—1264.

[67] Simmons C. Deformation of granitic rocks across the brittle-ductile transition [J]. Journal of Structural Geology,1985,7:503—511.

[68] Homand-Etiennea F,Houperta R. Thermally induced microcracking in granites:Characterization and analysis[J]. International Journal of Rock Mechanics and Mining Sciences & Geomechanics,1989,26(2):125—134.

[69] Wang H F,Bonner B. Thermal stress cracking in granite [J]. Journal of Geophysical Researeh,1989,94(B2):1745—1758.

[70] 寇绍全. 热开裂损伤对花岗岩变形及破坏特性的影响[J]. 力学学报,1987,19(6):550—556.

[71] 陈颙,吴晓东,张福勤. 岩石热开裂的实验研究[J]. 科学通报,1999,4(8):880—883.

[72] 周克群,楚泽涵,张元中,等. 岩石热开裂与检测方法研究[J]. 岩石力学与工程学报,2000,19(4):412—416.

[73] Zuo J P,Xie H P,Zhou H W,et al. Thermal-mechanical coupled effect on fracture mechanism and plastic characteristics of sandstone [J]. Science in China(E),2007,50(6):833—843.

[74] 许江,李贺,鲜学福,等. 对单轴应力状态下砂岩微观断裂发展全过程的实验研究[J]. 力学与实践,1986,4:16—20.

[75] 杨卫. 宏微观断裂力学[M]. 北京:国防工业出版社,1999.

[76] 庄苗,蒋持平. 工程断裂与损伤[M]. 北京:机械工业出版社,2004.

第2章 岩石细观孔/裂隙结构特征分析

岩石内部存在大量分布不规则的孔隙和裂隙,准确地描述岩石这种不均匀的微观孔隙空间结构是很困难的[1~7]。统计学方法为刻画岩石孔隙结构提供了一种有效方法,利用统计学方法建立岩石孔隙结构几何特征参数(如孔隙位置、孔径大小、孔喉分布等)的概率密度函数,并以此为基础构建孔隙结构模型,因此如何准确地获取岩石孔隙的空间分布特征便成为关键问题。目前人们通常利用高倍光学显微镜、SEM 和 CT 扫描等设备来获取孔隙结构信息。如涂新斌等[8]利用高倍光学显微镜对香港风化花岗岩细微孔隙结构进行了研究,给出了花岗岩内部介质含量、粒度、方向孔隙度、形状系数、定向性等指标;岳中琦等[9]利用扫描电镜获取了花岗岩的孔隙结构信息,利用立体逻辑变换原理构建了三维花岗岩细观孔隙结构模型;马勇等[10]利用聚集离子束扫描电镜研究了页岩纳米级孔隙结构特征。

2.1 岩石孔/裂隙结构 CT 扫描

2.1.1 岩石孔隙结构 CT 扫描试验

以砂岩作为孔隙结构研究对象,采集同样地质条件下的砂岩制作 10 了个圆柱体试件,如图 2.1 所示。应用 113 型氦孔隙率仪测试了全部样品的孔隙率,实测

图 2.1 砂岩圆柱体试件

值在 22.9%~23.8% 之间变化。1#~4# 试件用于 CT 扫描,以探明孔隙几何特征及其分布规律;5#、6# 试件用于测试单轴抗压强度和弹性模量等参数。CT 扫描所用的 4 个圆柱体试件的直径 24.54~24.77mm,平均值 24.65mm;高度 43.51~47.71mm,平均值 45.96mm;孔隙率范围 23.0%~23.6%,平均值 23.3%。加载条件 4‰(mm/s)下平均单轴抗压强度 37.2MPa。

为了分析砂岩孔隙结构特征,采用微焦点工业 CT 开展了 CT 扫描试验,如图 2.2 所示。为了保证获得的孔隙结构信息具有可靠性,每个试件的扫描范围定为试件中部 1/3 高度,自上而下每间隔 80μm 扫描一层,连续扫描 200 层。横截面 CT 图像为 512×512 像素的灰度图,图像中每个像素点的灰度在 0~255 范围内变化,不同灰度值反映了图像各点不同的物理状态,对灰度图进行图像处理,提取孔隙结构信息,对这些信息进行统计分析,建立描述孔隙结构特征参数的数学模型,CT 扫描图如图 2.3 所示。

图 2.2　工业 CT(ACTIS300-320/225)扫描系统

2.1.2　岩石裂隙结构 CT 扫描试验

为识别和提取岩石裂隙的几何与网络结构特征,采集了山东济宁某矿地下 490m 深度处的煤岩体,加工制作了边长 50mm×50mm×50mm 立方体煤岩试样,如图 2.4 所示。样品富含两类不同类型的裂隙:一类是深黑色裂隙,不含填充物,中空,宽度较小;另一类是灰白色节理/裂隙,含填充物,宽度较大,且与基体结合

图 2.3　孔隙岩石 CT 试验扫描图

紧密。由于第二类裂隙多数贯穿整个煤岩样品,为合理反映此类裂隙的构造和材料特性,并区别于第一类裂隙,将第一类裂隙称为"裂隙",将第二类裂隙称为"夹杂"。X 射线衍射试验表明:夹杂填充物 97.9% 为方解石,1.3% 为黄铁矿,黏土矿物总量为 0.8%。煤岩样品实测单轴抗压强度的平均值为 22.2MPa,弹性模量平均值为 2.93GPa。

图 2.4　煤岩样品实物照片

为获得准确的节理/裂隙结构特征,利用高精度 16 位微焦点 X 射线 CT(最高空间分辨率 4μm)沿高度方向自上而下间隔 200μm 扫描煤岩样品,连续扫描 250层,得到一组尺寸 512×512 像素的灰度图像,各像素点灰度值在 $0\sim2^{16}$ 范围内变化,不同灰度值代表煤岩各点不同的材料组成和物理状态。扫描过程中煤岩样品 360°旋转,射线每间隔 0.50s 做两次投影,每层煤岩裂隙图像由 1440 幅扫描经卷积积分计算重构后获得。图 2.4 给出了煤岩样品实物照片,图 2.5 给出了煤岩样品第 24 层横截面的 CT 扫描图像。

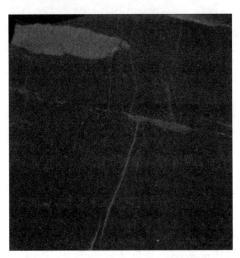

图 2.5　煤岩样品横截面的 CT 扫描图像

2.2　岩石孔/裂隙结构 CT 图像分析

图像处理和分析技术是一门系统地研究数字图像理论、技术和应用的学科,其主要方法是将被研究的物体转化为储存在计算机中的数字信号,并运用计算机对数字图像信号进行分析和处理从而得到所需要的研究结果。当岩石材料转换为数字图像时,其不同物质可以通过不同的灰色度来反映,数字图像很好地再现了材料的非均质性。

在提取岩石孔隙结构数字图像信息之前,需要对其进行预处理,以便获得质量更准确的岩石结构信息。预处理主要包括增强图像的对比度和噪声清除,可以由专业的图像处理软件或专门开发的程序来完成。得到的岩石数字图像内含有多种岩石材料的信息,须根据研究目的用图像分割技术将主要相关信息和数据区分和提取出来,便于进一步地进行数值或力学计算与分析。

图像分割是图像处理中困难但也是最重要的一部分,它是将图像细分为子区域或对象,分割的程度取决于要解决的问题。能否精确地从图像中分割出岩石内部的各种物质和缺陷,对于后续的工作至关重要。图像分割算法一般是基于亮度的两个基本特性:不连续性和相似性。第一类特性的应用途径是基于亮度的不连续变化分割图像,比如图像的边缘检测法;第二类特性的主要应用途径是依据事先制定的准则将图像分割为相似的区域,比如门槛处理、区域生长、区域分割和聚合等方法。目前,最常用的方法是边缘检测法和区域分割法。

边缘检测方法原理是,不同的材料在图像中往往有不同的灰色度,其分界面处的灰色度值变化也很大。一般而言,材料的分界面处灰色度的一阶导数往往是一较大数值。根据这一原理,可以通过计算灰色度的导数检测材料的分界面。

区域分割法原理是,根据材料在图像中的不同灰色度值,事先设定一个阈值 H 为界限值,将所要研究的主要材料和其他材料区分开来,得到一个二值化的图像。还可以采用多阈值分割法来分割图像,获取更多种材料的细观结构。

目前对图像处理大都采用的是区域分割法中的图像二值化方法[11],所谓图像二值化就是选取某个灰度值 T 为阈值,灰度值大于或等于阈值 T 的像素点,其灰度均被重新设置为1,小于阈值 T 的像素点,其灰度均被重新设置为0,即

$$g(i,j)=\begin{cases}1, & f(i,j)\geqslant T \\ 0, & f(i,j)<T\end{cases} \tag{2.1}$$

式中,$f(i,j)$ 为像素点 (i,j) 的初始灰度值;$g(i,j)$ 为二值化后像素点 (i,j) 的灰度值。

这样得到一个黑白图像,黑色像素($g=0$)代表孔隙,而白色像素($g=1$)代表固体介质。

2.2.1　孔隙结构 CT 图像分析

一个关键的问题是如何确定合适的阈值 T 使得二值化的 CT 图像能够合理地反映孔隙群体构成,确保能够获得建模所需的孔隙结构参数。为解决这个问题,采取以下方法:

(1) 从 200 张横截面 CT 图像中,按照一定的间距选取扫描图像,使得任意相邻的两个图像所截取的孔隙相互独立,即没有被两个相邻横截面同时截取的孔隙。

(2) 设置多个阈值,应用 Particle 图像程序对所选取的 CT 图像进行多次阈值分割,分别计算给定阈值下图像的"计算孔隙率",即黑色像素面积与试件横截面积之比。假设孔隙数量和平均粒径沿样品高度方向(z 方向)均匀分布,则易知"计算孔隙率"等于样本孔隙率。

(3) 对比"计算孔隙率"与样本实测孔隙率,取与实测孔隙率最接近的"计算孔隙率"所对应的阈值作为 T,由此得到的黑白图像可认为是孔隙图像[12]。

孔隙原始 CT 图像与二值化图像如图 2.6 和图 2.7 所示。在二值化后的图像中,黑点代表孔隙,空白处代表岩石基质,即非孔隙部分。

图 2.6　原始 CT 图像(实测孔隙率为 23.2%)

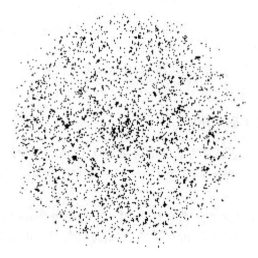

图 2.7　二值化图像(计算孔隙率为 23.0%)

2.2.2　裂隙结构 CT 图像分析

为甄别裂隙与煤岩基体,需要根据 CT 图像各点灰度值的分布特征,利用区域分割方法,通过设定多阈值和剔除噪声点处理,分别提取出裂隙和夹杂。以第 24 层横截面为例,图 2.8～图 2.10 给出了经 2^{16} 到 2^{8} 位图像映射转换和二值化处理得到的裂隙图像、夹杂图像和合成后的节理/裂隙网络图像。在合成的节理/裂隙网络图像中,采用不同灰度值来区分裂隙、夹杂和煤岩基体。灰度值等于 0 的像素代表煤岩基体,中间灰度值像素代表不含填充物的裂隙,灰度值等于 255 的像素代表含填充物的夹杂。采用相同方法,通过自编程序,处理 250 层横截面的 CT 图像,提取出全部裂隙和夹杂的几何与网络结构特征。

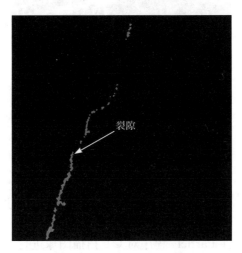

图 2.8　裂隙的二值化图像

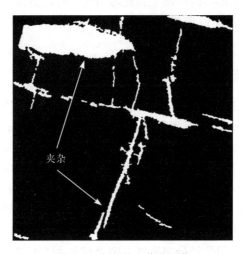

图 2.9　夹杂的二值化图像

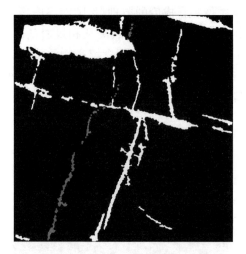

图 2.10　合成后的裂隙网络图像

2.3　岩石孔/裂隙结构统计特征和分布规律

利用图像处理软件 Particle 程序对 CT 扫描图像进行二值化处理,得到二维孔隙结构平面信息,包括孔隙面积、周长、方向角、形心坐标等特征参数,通过自编程序统计了孔隙的总面积、平均面积、平均周长、平均形状系数、平均粒径、图像的形心坐标、孔隙到孔隙形心的距离 r 和孔隙角度 θ 的数值,以及它们的均值和均方差等,通过拟合得到孔隙位置沿径向和沿周向、孔径大小以及孔隙间距的分布函数。

2.3.1　孔径大小分布规律

将原始 CT 图像进行二值化处理,通过二值化图计算出所有孔隙的像素面积,经过对孔隙像素面积的分析发现其最大孔隙半径约为 0.9mm,考虑到 CT 扫描间距为 80μm,进行图像处理时,按照扫描顺序每隔 15 层图像取一张,即取每个试件的第 15、30、45、60、75、90、105、120、135、150 层图像,共取 10 张代表层图像,以保证所选取的图像间的孔隙具有非相关性。按照孔隙半径大小进行分类,从最小孔隙半径开始每 0.05mm 分为一个区间,共分为 18 个半径区间,算出每个半径区间内的孔隙像素面积,通过像素面积算出每个半径区间内孔隙的个数以及占整个图像孔隙总个数的比例,即孔径分布密度。四个样品所有代表层孔径大小分布的概率密度曲线如图 2.11～图 2.14 所示[12]。

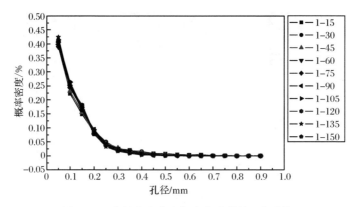

图 2.11　孔径大小分布概率密度曲线(1#试件)

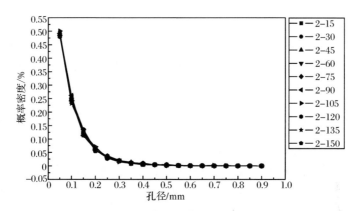

图 2.12　孔径大小分布概率密度曲线(2#试件)

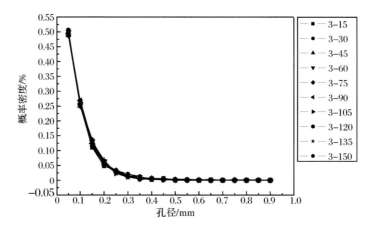

图 2.13　孔径大小分布概率密度曲线(3#试件)

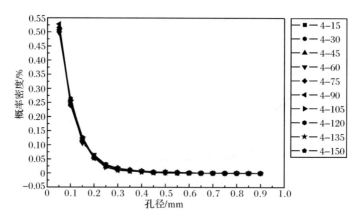

图 2.14 孔径大小分布概率密度曲线(4#试件)

每个试件 10 层代表层孔径大小概率密度分布基本一致,图里面的 10 条曲线基本重合,不同试件的分布曲线形状也大致一样,孔径概率密度分布随着孔径由小到大都呈递减的趋势,数据拟合结果表明:孔径大小概率密度分布符合指数分布规律,指数分布函数可以表示为

$$y = A\exp\left(-\frac{r}{B} + C\right) \tag{2.2}$$

式中,A、B、C 为待定参数;r 为孔隙半径。

根据式(2.2)对每个试件的代表层的孔径大小分布进行了拟合,图 2.15 给出了 1# 试件孔径大小分布概率密度的拟合曲线,分析表明,各个试件代表层的数据都非常接近指数分布拟合曲线。作为例子,表 2.1 给出了 1# 试件各代表层拟合函数中的参数。

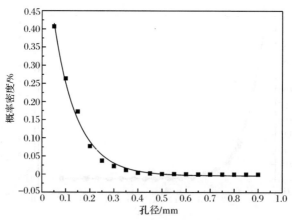

图 2.15 孔径大小分布概率密度拟合曲线(1#试件)

表 2.1　1# 试件各代表层拟合函数的参数

代表层	拟合函数的参数			
	A	B	C	R^2
1-15	0.696 99	0.091 32	−0.002 38	0.997 83
1-30	0.635 78	0.101 72	−0.000 10	0.998 11
1-45	0.699 15	0.093 95	−0.000 26	0.998 50
1-60	0.636 44	0.105 24	−0.002 59	0.996 46
1-75	0.677 03	0.100 11	−0.002 50	0.996 87
1-90	0.659 93	0.103 32	−0.003 36	0.997 50
1-105	0.711 21	0.097 51	−0.003 42	0.995 89
1-120	0.692 69	0.099 77	−0.003 58	0.992 65
1-135	0.731 12	0.095 05	−0.003 12	0.993 89
1-150	0.691 74	0.100 18	−0.003 81	0.993 86
平均值	0.683 208	0.098 817	−0.002 512	0.996 156

根据表 2.1 拟合曲线和采样点相关性的计算结果可知,所有代表层拟合曲线的相关系数 R^2 都大于 0.99,所以选取的指数分布拟合曲线的参数是有效的。为了统一用一个函数来描述孔径大小分布概率密度函数,对所有的拟合参数进行平均,即可获得描述孔径大小概率密度分布函数的统一表达式,即

$$y = 0.683\ 208 \exp\left(\frac{-r}{0.098\ 817} - 0.002\ 512\right) \tag{2.3}$$

式中,r 为孔隙半径;y 为孔径大小分布的概率密度。

2.3.2　孔隙空间位置分布规律

分别考虑了孔隙数量沿着周向分布和沿着径向的分布规律。和统计孔径大小分布的方法类似,利用 Particle[14,15] 程序读入二值化图像,得到所有孔隙的像素面积,然后通过孔隙像素面积统计孔隙空间位置沿不同方向的分布规律。

1. 孔隙空间位置沿周向分布

按照扫描顺序每隔 15 层图像取一张,即取每个试件的第 15、30、45、60、75、90、105、120、135、150 层图像,共取 10 张扫描图像,以保证所选取的图像间的孔隙具有非相关性。将二维平面圆盘沿着周向等间隔分成 20 个等分扇形区,通过每个扇形区的孔隙像素算出该扇形区对应的孔隙个数,进而算出每个扇形区区内孔隙的个数所占整个图像孔隙总个数的比例(孔隙个数密度),四个试件按照同样的方法进行处理,根据统计出的数据绘出四个试件所有代表层孔隙位置沿周向分布

的概率密度曲线,如图 2.16～图 2.19 所示[12]。

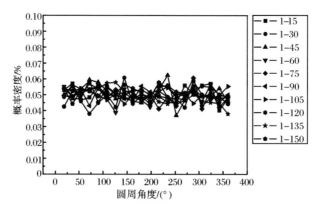

图 2.16　孔隙位置沿周向概率密度曲线(1# 试件)

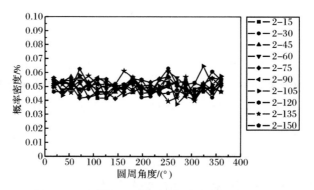

图 2.17　孔隙位置沿周向概率密度曲线(2# 试件)

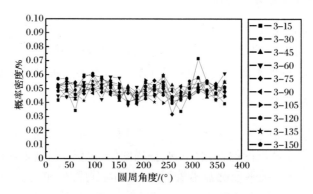

图 2.18　孔隙位置沿周向概率密度曲线(3# 试件)

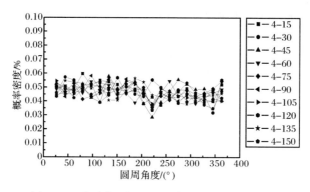

图 2.19　孔隙位置沿周向概率密度曲线(4#试件)

从四个试件的孔隙位置沿周向分布概率密度曲线图中可以看出,每个试件的 10 层代表层孔隙数量沿周向概率密度分布曲线基本一致,四个试件的分布曲线形状也大致一样,孔隙位置沿周向分布近似一条直线,每个扇区的孔隙个数相近,即每个扇区具有相近的概率密度,选取均匀分布函数来描述孔隙位置沿周向概率密度分布:

$$f(x) = \frac{1}{b-a}, \quad a \leqslant x \leqslant b \tag{2.4}$$

统计孔隙位置沿周向分布时,若将圆盘沿周向按角度等分为 20 个扇区,每个扇区角度为 18°,故拟合出的线性分布曲线应有[12]:

$$f(x) = \frac{1}{\dfrac{360}{18} - 0} = 0.05, \quad 0 \leqslant x \leqslant 360 \tag{2.5}$$

设拟合曲线函数为 $y = Ax + B$,对每个试件的代表层进行回归拟合,图 2.20

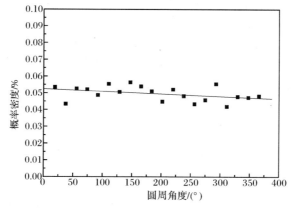

图 2.20　孔隙位置沿周向分布概率密度拟合曲线(1#试件)

给出了 1# 试件孔隙位置沿周向分布数据点拟合曲线,表 2.2 给出了 1# 试件 10 层代表层的拟合函数参数。由拟合结果可以看出,B 值集中分布在 0.05 左右,而 A 值很小,即说明直线斜率很小,直线可近似平行于 x 轴。所以可得孔隙位置沿周向分布近似为均匀分布。其数学表达式为[12]

$$y=0.0515-0.000\ 018\ 9x \qquad (2.6)$$

式中,x 为周向角度等分区间;y 为孔隙数量沿周向分布的概率密度。

表 2.2 不同代表层拟合函数参数(1# 试件)

代表层	拟合函数参数	
	A	B
1-15	-7.13×10^{-6}	0.051 35
1-30	-1.85×10^{-5}	0.046 51
1-45	-7.83×10^{-5}	0.051 48
1-60	-1.40×10^{-6}	0.050 26
1-75	-1.76×10^{-5}	0.053 34
1-90	-7.93×10^{-6}	0.051 50
1-105	-1.58×10^{-6}	0.049 70
1-120	-8.40×10^{-6}	0.051 59
1-135	-3.46×10^{-5}	0.056 53
1-150	-1.37×10^{-5}	0.052 60
平均值	-1.89×10^{-5}	0.051 50

2. 孔隙空间位置沿径向分布

分析孔隙位置沿径向的分布特征时,同样按照扫描顺序每隔 15 层图像取一张,即取每个试件的第 15、30、45、60、75、90、105、120、135、150 层图像,共取 10 张代表层图像,以保证所选取的图像间的孔隙具有非相关性。将二维平面圆盘沿径向等面积分成 20 等分,再转换成半径区间,算出每一半径区间对应的孔隙个数,然后算出各区间孔隙的个数所占整个图像孔隙总个数的比例(孔隙密度),根据统计出的数据绘出四个试件孔隙位置沿径向分布的概率密度曲线,如图 2.21~图 2.24 所示[12],根据分布特征利用多项式对孔隙位置沿径向分布数据点进行了拟合,结果如图 2.25 所示,由图可以看出四次多项式拟合曲线与数据分布较吻合,说明孔隙空间位置沿径向分布没有明显的规律性。

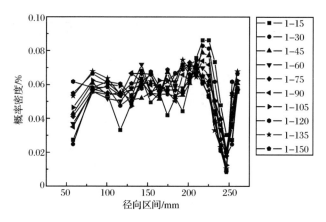

图 2.21　孔隙位置沿径向分布曲线(1# 试件)

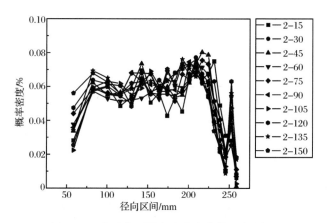

图 2.22　孔隙位置沿径向分布曲线(2# 试件)

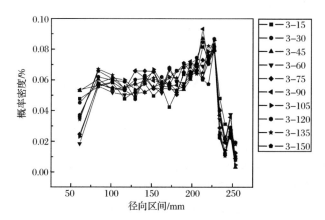

图 2.23　孔隙位置沿径向分布曲线(3# 试件)

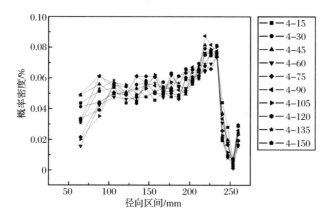

图 2.24　孔隙位置沿径向分布曲线(4#试件)

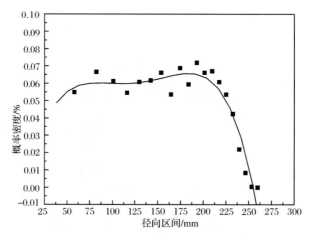

图 2.25　孔隙位置沿径向分布数据点拟合曲线(1#试件)

2.3.3　孔隙间距分布规律

为了获取孔隙相对位置特征,对试样各层所有孔隙的间距进行了统计分析,通过二值化 CT 图像计算出所有孔隙的形心坐标,作为孔隙的位置坐标。由于试件尺寸直径为 25mm,所以平面内任意两个孔隙之间的距离 r 范围是 $0 < r \leqslant 25$mm,根据这个范围,将孔隙间距分成 20 等分,即 1.25mm、2.5mm、3.75mm、…、25mm,通过编程计算落入每个区间范围内的孔隙间距数,即孔隙间距概率密度。为保证所选取的图像间的孔隙具有非相关性,同样按照扫描顺序每隔 15 层图像取一张,即取每个试件的第 15、30、45、60、75、90、105、120、135、150 层,共取 10 层代表层图像。根据统计数据绘制出四个试件的孔隙间距分布曲线,如图 2.26~

图 2.29 所示[12]。

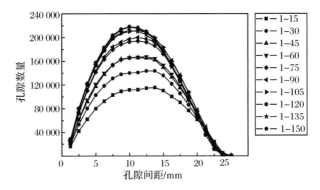

图 2.26　孔隙间距概率密度分布曲线(1# 试件)

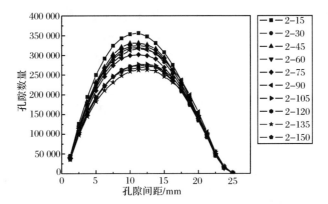

图 2.27　孔隙间距概率密度分布曲线(2# 试件)

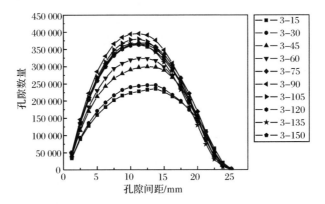

图 2.28　孔隙间距概率密度分布曲线(3# 试件)

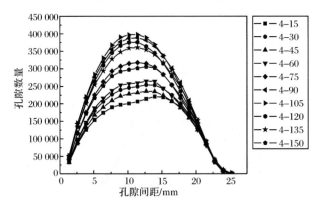

图 2.29　孔隙间距概率密度分布曲线（4#试件）

在四个不同的试件以及同一试件的不同层中，孔隙间距分布形式都很相似，分布曲线与高斯分布函数的形状比较接近，近似满足高斯分布的特点，即曲线最高峰在均值位置，曲线沿着均值左右对称，由均值所在处开始，分别向左右两侧逐渐均匀下降，靠近 x 轴。故采用高斯分布来拟合孔隙间距的概率密度分布[12]，即

$$y = y_0 + \frac{A}{W\sqrt{\frac{\pi}{2}}} \exp\left[-2\left(\frac{x-x_c}{W}\right)^2\right] \tag{2.7}$$

式中，y_0、x_c、W、A 为四个待定参数。

根据式（2.7）对孔隙间距分布数据点进行拟合，拟合曲线如图 2.30 所示。

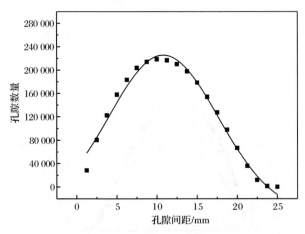

图 2.30　孔隙间距分布数据点的拟合曲线（1#试件）

从图 2.24 中可以看出，用高斯分布拟合孔隙间距分布是可行的，1#试件十层代表层各自拟合曲线图中的采样点都非常接近指数分布拟合曲线，其他三个试件

也是类似的结果。表 2.3 列出了 1# 试件的拟合函数参数值。

表 2.3　各代表层拟合函数参数值($1^{\#}$ 试件)

代表层	参数				
	y_0	x_c	W	A	R^2
1-15	−185 120. 705 64	11. 968 12	25. 132 53	9 538 081. 834 44	0. 989 1
1-30	−99 031. 481 09	11. 585 21	18. 609 88	5 785 612. 452 56	0. 985 5
1-45	−76 028. 088 20	11. 398 63	16. 584 91	5 175 162. 916 05	0. 986 5
1-60	−82 369. 482 63	11. 393 76	16. 858 80	5 431 825. 415 08	0. 985 3
1-75	−67 212. 212 73	11. 159 51	15. 373 99	5 194 094. 346 19	0. 984 7
1-90	−81 567. 777 43	11. 284 66	16. 030 57	5 813 641. 263 20	0. 985 1
1-105	−63 761. 590 31	11. 053 06	14. 849 23	5 283 826. 053 80	0. 985 0
1-120	−44 949. 238 02	10. 813 29	13. 739 59	4 628 390. 165 14	0. 985 5
1-135	−45 737. 109 02	10. 821 57	13. 857 22	4 600 801. 650 98	0. 984 9
1-150	−44 471. 901 49	10. 793 27	13. 693 43	4 630 284. 491 88	0. 985 2
平均值	−79 024. 958 66	11. 227 108	16. 473 015	5 608 172. 100 00	0. 985 7

为了确定上述公式中的四个待定参数,求得所有代表层拟合曲线的相关系数 R^2 都大于 0.98,用高斯分布可以很好地拟合孔隙间距分布,但随着孔隙数目的增加各参数值都在不断减小,所以拟合函数表达式中的参数是随着孔隙数不断变化的,通过分析发现参数与孔隙数之间存在线性关系[12],即

$$y = a + bx \tag{2.8}$$

式中,a 和 b 为待定参数。

为了求得式(2.8)对应于每个参数的具体表达式,对参数和孔隙数进行了线性拟合,结果如图 2.31~图 2.34 所示。

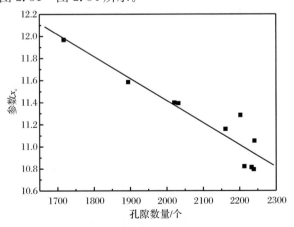

图 2.31　拟合参数 x_c 与孔隙数的关系

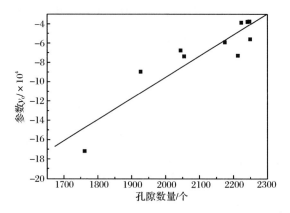

图 2.32　拟合参数 y_0 与孔隙数的关系

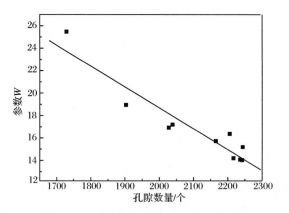

图 2.33　拟合参数 W 与孔隙数的关系

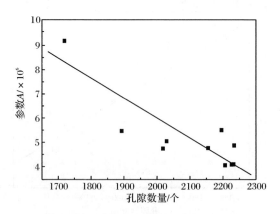

图 2.34　拟合参数 A 与孔隙数的关系

通过拟合结果可以得出每个参数与孔隙数的线性关系的具体表达式[12]：

$$x_c = -0.002N + 15.4 \tag{2.9}$$

$$y_0 = 213.2N - 525\,763.4 \tag{2.10}$$

$$W = 0.018\,26N + 54.74 \tag{2.11}$$

$$A = -6790.99N + 1.984 \times 10^7 \tag{2.12}$$

式中，N 为孔隙个数。

把式(2.9)～式(2.12)代入式(2.7)中，即可得到用孔隙个数 N 作为参数的孔隙间距高斯分布表达式为

$$y = 213.2N - 525\,763.4$$
$$+ \frac{-6790.99N + 1.984 \times 10^7}{(0.018\,26N + 54.74)\sqrt{\frac{\pi}{2}}} \exp\left[-2\left(\frac{x + 0.002N - 15.4}{0.018\,26N + 54.74}\right)^2\right]$$

$$\tag{2.13}$$

式中，N 为孔隙个数；y 为当孔隙个数为 N 时所有孔隙两两距离中满足 x 的间距的数量。

2.4　本章小结

本章主要介绍了岩石微观孔/裂隙结构的识别和提取方法，利用图像处理技术和统计学原理对孔/裂隙结构特征进行了分析研究。具体方法是基于工业 CT 扫描方法，以砂岩和煤岩为研究对象，通过扫描获取了砂岩和煤岩孔/裂隙几何信息；运用图像处理对 CT 图进行二值化处理，然后根据二值化图像运用统计学方法分析了砂岩孔径、孔隙的空间位置、孔隙间距等孔隙结构特征参数的分布规律。结果表明：孔隙大小、孔隙的空间位置、孔径大小等特征参数服从不同的分布。孔径大小近似服从指数分布函数；孔隙位置沿周向近似服从均匀分布函数；孔隙位置沿径向分布近似服从四次多项式，但不同代表层得到的公式参数都不一样，所以没有统一的表达式；孔隙间距近似服从高斯分布。

参 考 文 献

[1] 黄丰. 多孔介质的三维模型重构研究[D]. 合肥：中国科学技术大学，2007：3-8.

[2] Ioannidis M A，Kwiecien M，Chatzis I. Computer generation and application of 3D model porous media：From pore-level geostatistics to the estimation of formation factor [C]//Petroleum Computer Conference，1995：185-194.

[3] Coker D A，Torquato S，Dunsmuir J H. Morphology and physical properties of Fontainebleau sandstone via a tomographic analysis [J]. Journal of Geophysical ResearchSolid Earth，1996，

101(8):17497—17506.

[4] Coles M E,Hazlett R D,Muegge E L,et al. Developments in synchrotron X-ray micro tomography with application to flow in porous media [J]. SPE Researvoir Evaluation and Engineering,1998,I:288—296.

[5] Dunsmuir J H,Ferguson S R,D'Amico K L,et al. X-ray micro tomography a new tool for the characterization of porous media [C]//SPE Annual Technical Conference and Exhibition,1991,423—431.

[6] Jasti J K,Jesion G,Feldkamp L. Microscopic imaging of porous media with X-ray computer tomography [J]. SPE Formation Evaluation,1993,8(3):189—193.

[7] 谢丛娇,关振良,姜山. 基于微观随机网络模拟法建立的储层孔隙结构模型[J]. 地质科技情报,2005,24(2):97—100.

[8] 涂新斌,王思敬,岳中琦. 香港风化花岗岩细观结构研究方法[J]. 工程地质学报,2003,11(4):428—443.

[9] 岳中琦,陈沙,郑宏,等. 沿途工程材料的数字图像有限元分析[J]. 岩石力学与工程学报,2004,23(6):889—897.

[10] 马勇,钟宁宁,黄小艳,等. 聚集离子束扫描电镜(FIB-SEM)在页岩纳米级孔隙结构研究中的应用[J]. 电子显微学报,2014,33(3):252—256.

[11] 张德丰. MATLAB 数字图像处理[M]. 北京:机械工业出版社,2009.

[12] Ju Y,Yang Y M,Song Z D,et al. A statistical model for porous structure of rocks [J]. Science in China(E),2008,51(11):2040—2058.

第3章 岩石细观孔/裂隙结构的重构模型

三维孔/裂隙结构模型的建模方法目前有很多种,如根据建模目的不同孔隙重构模型可分为非重构建模法和重构建模法,两种建模方法的不同导致所建立的模型有很大的差异。非重构建模法是针对某一问题,通过简化,建立一种适合解决此类特殊问题的孔隙模型,利用虚拟模型来阐述或解释试验所观察到的表观性质。但是这类模型并没有准确地描述岩石真实的孔隙结构。重构建模法的特点是利用各种的理论,如分形学、统计学、图像学等,通过建立数学函数描述孔隙结构的统计性质和拓扑参数(孔隙位置,孔径大小,孔喉分布,配位数以及空间相关性等),来试图再现岩石孔隙三维空间结构,该方法所建立的模型与岩石孔隙模型相比具有几何相似性,具有某些相同的统计特征和分形特征,或者具有相近的孔隙结构,在一定程度上反映了真实的孔隙结构。目前通过这两种建模方法所建立的模型与真实岩石孔隙结构相比均有着较大的差异,尚不足以准确地分析和预测孔隙介质的物理力学性质。随着统计学、图像学等理论的发展,越来越多地被应用到孔隙结构建模中来,统计学中随机数产生的方法为孔隙结构建模提供了一个很好的手段。

裂隙岩体的重构模型主要包括双重介质模型、等效连续介质模型、渗流场-应力场-温度场耦合模型、概化模型和离散裂隙网络模型等,但所有的模型都未考虑天然裂缝的复杂性和粗糙性,均做了一定的简化。

3.1 模型重构方法概述

3.1.1 岩石孔隙模型回顾

目前描述岩石孔隙结构的模型主要包括:连续介质模型、毛细管模型、空间周期模型、球管孔隙模型、网络模型、分形模型、过程模型以及随机统计模型等[1~23],这些模型可分为重建模型和非重建模型两大类:一类是重构模型,比如分形模型、过程模型和统计模型等。重构模型的特点是利用各种理论,如分形学、统计学、图像学等,通过建立数学函数来描述孔隙结构的统计性质和拓扑参数(孔隙位置、孔径大小、孔喉分布、配位数以及空间相关性等),来试图再现岩石孔隙三维空间结构。重构模型与岩石孔隙结构相比具有几何相似性,具有某些相同的统计特征和分形特征,重构模型在一定程度上反映了岩石真实的孔隙结构。随着统计学、分形学以及图像学等理论的发展,重构模型更接近于真实岩石孔隙结构;另一类是非重构模型,非重构模型的特点是针对某一问题,通过对问题的简化,建立一种适合解决某些特殊问题的孔隙模型,利用虚拟模型来阐述或解释试验所观察到的表观性质,比如建立球管孔隙模型进行处理核磁共振(MNR)弛豫现象;利用网络模型计算水相滞留对气体渗流的影响;通过双孔隙结构模型研究孔隙对声波时差的影响以及孔隙度的确定方法;建立三维三相裂缝孔隙模型研究孔隙结构对五百梯石炭系气藏的影响;还有人利用网络模型计算气液体系吸吮过程中的相对渗透率等[24~29]。尽管非重构模型对于解决某些特殊问题起到了很好的作用,但由于未能刻画真实的岩石孔隙结构,对于某些重要的物理力学现象难以给出合理的解释。现在人们越来越多地通过描述孔隙分布特征来构建能准确描述和刻画岩石孔隙结构的三维模型,以此来了解和认识对孔隙岩石表观性质起决定作用的内部机制。

1. 连续介质模型

连续介质模型属于经典渗流力学多孔介质的研究方法,它忽略孔隙介质由固体骨架、孔隙空间以及流体共同组成的基本存在方式,将整个系统作为连续介质对待。Darcy通过均质砂柱的渗流试验得出渗流速度与压差成正比关系,将多孔介质作为连续介质处理,多孔导流性质用一个渗透率表示,这种处理方法成为经典渗流力学的基础[30]。

在连续介质模型中,以流体流动的连续方程、动量守恒方程和能量守恒方程刻画系统内的流体流动,而表征多孔介质的参数仅仅是孔隙率及渗透率,这显然无法真实反映研究对象。由于经典渗流力学建立在比较坚实的数学力学基础之上,许多情况下可以通过偏微分方程求得解析解。特别是,随着计算机技术的发展,以有限差分为代表的数值离散方法在经典渗流力学用于模拟油藏问题中发挥了重要作用。

2. 毛细管模型

毛细管束模型(见图 3.1)是用于测定毛细管压的最简单、且被广泛应用的非重构模型,它是由一簇不同直径的等高圆柱形毛细管组成,沿着长度方向,细管的管径恒定[31]。这一模型可以用于解释当毛细管压力增大时能被完全渗透的毛细管径由大变小的现象。通过渗入水银的孔隙率测定法获得的排泄毛细管压力曲线通常也可以用这一模型进行解释。

模型中所谓的孔径分布模型可以通过指定可以渗透的空隙直径介于 D_e 和 $D_e + dD_e$,由毛细管压曲线推出孔隙体积 dV:$dV = D_e dD_e$,其中 D_e 是体积相对于孔隙直径分布状态的密度函数。

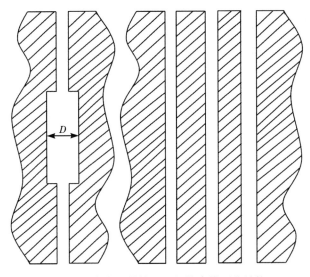

图 3.1　真实孔结构和毛细管束模型孔结构

引入由 Laplace 方程推导出的不润湿相进行渗透时所要满足的压力条件方程：

$$P_c = P'' - P' = 2\sigma \frac{|\cos(\theta+\phi)|}{R} \tag{3.1}$$

式中，$\dfrac{R}{|\cos(\theta+\phi)|}$ 为渗透液在孔隙中弯月面平均曲率半径。

对于沿长度方向管径不变的毛细管束模型而言，$\phi = 0$、$R = \dfrac{D_e}{2}$，在接触角为常数、表面张力不变的情况下，可以得到微分式：

$$P_c dD_e + D_e dP_c = 0 \tag{3.2}$$

结合体积表达式以及式(3.1)，消去式(3.2)中的 D_e 和 dD_e 项，经过整理可以得到

$$\alpha(D_e = P_c D_e d)\left(\frac{P_c}{D_e}\frac{d(V_T - V)}{dP_c}\right) \tag{3.3}$$

如果 V_T 被认为是样品中可排出液体的体积，式(3.3)可用作考虑残留润湿相渗透情况下的排泄毛细管压力曲线的模型。

毛细管束模型可以对复合材料研究中原材料的选取、渗透工艺的制定以及材料制备等方面起到很好的指导作用，但是该模型中的孔隙是由等截面积、一端封闭的直柱状毛细管组成，是一种高度理想化的模型。因此该模型并不能很好地完成定量预测的目的，例如，在只选择等温吸附而不选择等温脱附的试验过程，将可能导致孔径分布曲线出现很大差异，这是由于模型的不成熟而造成的。

3. 球管形模型

岩石孔隙按大小分组,在每一个孔隙分组的内部再把孔隙区分成球形孔和毛管孔两个部分,并用各个区间独立的比例系数确定球形孔半径和毛管孔半径之间的数值关系。各个孔隙分组的球半径和毛管半径比例系数数值可以有不同的组合方式,这个组合方式决定了岩石的孔隙结构。球管孔隙结构模型如图 3.2 所示。

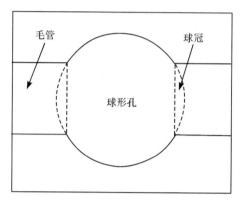

图 3.2　球管孔隙结构模型

对岩石孔隙按体积大小分组,分组的数量和弛豫信号的解谱布点数相同。设某一个分组孔隙的最大等效球孔隙半径为 R_e,对应的最小立方体的边长为 $2R_e$。在纯球形孔隙中,忽略体积弛豫和扩散弛豫,弛豫时间和孔隙半径的关系为[9,10]

$$\frac{1}{T}=\frac{\rho_2 4\pi R^2}{\frac{4}{3}\pi R_e^3} \tag{3.4}$$

$$3R_e=3\rho_2 T_2 \tag{3.5}$$

式中,R_e 为等效球孔半径,μm;T_2 为弛豫时间,ms;ρ_2 为横向弛豫率。

当 $\rho_2=2500$ 及 T_2 区间为(0.1ms、10 000ms)时,用式(3.5)计算出 R_e 的区间为(0.000 75μm、75μm),这与压汞的孔隙半径分布区间基本一致。球形孔和管形孔相交的部分是球冠,球冠的高度为 h,其表达式为

$$h=R_s-\sqrt{R_s^2-R_c^2} \tag{3.6}$$

球管模型中球形孔、管形孔的表面积和体积分别为

$$S_s=4\pi R_s^2-4\pi R_s H \tag{3.7}$$

$$V_s=\frac{4}{3}\pi R_s^3-\frac{1}{3}\pi h(3R_c^2+h^2) \tag{3.8}$$

$$V_c=2\pi R_c^2(R_e-\sqrt{R_s^2-R_c^2}) \tag{3.9}$$

$$S_c = 4\pi R_c(R_e - \sqrt{R_s^2 - R_c^2}) + 2\pi R_c^2 \qquad (3.10)$$

式中，h 为球冠的高度，μm；R_s 和 R_c 分别为球孔隙和管形孔的半径，μm；S_s 和 S_c 分别为球管模型中球形孔和管形孔的表面积，μm^2；V_s 和 V_c 分别为球管模型中球形孔和管形孔的体积，μm^3。

4. 空间周期模型

周期性模型将孔隙空间作为一种周期性的结构，该结构由所谓的体胞单元构成，图 3.3 是其中一种最简单的周期性模型，由二维的圆管构成。Sangani 等[32]采用矩形及六边形的圆管组合计算了系统的渗透率。Zick[33] 和 Sangani 等[34]给出了更宽的球密度范围条件下的结果。该模型用于未胶结类多孔介质是很有效的。但缺陷也是很明显的，归纳起来主要有以下三点：第一，球的规则排列（或其他规则形状的颗粒或孔隙）使问题局限于孔隙度很大的情况，与真实孔隙介质相比，固体骨架的体积分数明显偏小；第二，在周期结构中流体是围绕球体流动而不是像真实孔隙介质那样通过狭窄的喉道；第三，模型只适用于未胶结的多孔介质。为了将空间周期结构的模型扩展至胶结多孔介质，Larson 等[35]从规则的球堆积开始，然后允许球的半径增大，超过与相邻球之间的接触点，这会产生球之间的重叠，显然这样会使得骨架体积的份额增大，结果导致与真实岩石孔隙结构有了很大差异。

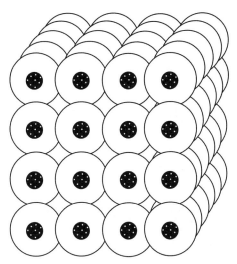

图 3.3　空间周期性模型

5. 网络模型

网络模型是针对多孔介质开发的一种孔隙模型中最为重要的一种模型，它利用大量毛细管以及毛细管群组成的网络来模拟孔隙,由直线和点组成的网络有类似抽象的数学概念"空间点阵",空间点阵最重要的表现是它是由单位晶格周期性排列而组成的,网络中的直线相互结合,接触点可以称为"节点",网络中表示的是孔隙范围的中心,两邻近"节点"的边线被称为网络中的"间隙"。孔隙结构由一些互相连通的三维的孔穴和间隙组成。组成的网状物以各种不同的形状和尺寸不规则地分布于多孔介质中,通常没有规则几何形状。因此,网络状模型可以用于解释多孔介质中的毛细管压现象和各种传输性质等[36]。图3.4和图3.5给出了多孔介质真实孔隙结构二维图与据此孔隙情况而建立的二维孔隙网络模型。

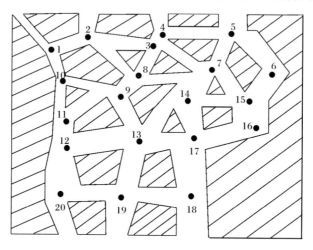

图 3.4　多孔介质真实孔隙结构二维图

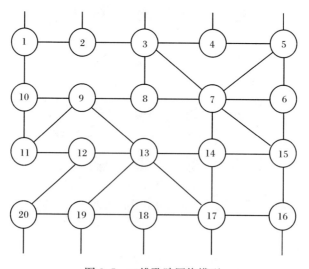

图 3.5　二维孔隙网络模型

6. 分形模型

分形模型是建立在分形理论的基础上,采用随机 Sierpinski 地毯方法来生成岩石孔隙结构,这是一种"人工构造的分形孔隙模型"[37,38]。图 3.5 是一种最简单的分形孔隙模型,基质代表岩石非孔隙部分,满足指数分布规律(如多孔岩石等)。

基本思路如下:把一个单位正方形 E 假设分成 9 个边长为 1/3 的小正方形,其中被基质占据就标志为 1,孔隙所占据就标志为 0;孔隙所占的百分比为 P,这些小正方形所代表的值组成子集 E_1;类似地,上述 9 个正方形,如其为 1,那么重复以上操作,如其为 0,那么其中 9 个小正方形都标志为 0,组成子集 E_2,这样就构成一个递归关系随机分形集合,如图 3.5 所示,P 值为 1/9,其关系为九叉树数据结构。

一级分形用 E_1 表示,亦称为元胞;二级分形称为 E_2,依此类推,图 3.5 为自相似图形,$P=1/9$,$r=1/3$,单元数 M 等于 9,其基质分形维数为

$$D=\frac{M\ln(1-P)}{\ln\dfrac{1}{r}}=\frac{\ln2}{\ln3}=1.893 \tag{3.11}$$

对于图 3.5 而言,$P=2/9$,孔隙分布不一样,基质分形维数是一样的,由式(3.11)可得 $D=1.771$。各阶段分形基质的面积分布经计算发现满足指数分布(孔隙率并不满足):

$$S_m=\rho\infty(1-P)^n \tag{3.12}$$

式中,P 为元胞孔隙率;ρ 为基质率;n 为分形递归阶数。

孔隙和基质面积的大小具有分形的特征,称之为孔隙质量分形维数或者基质质量分形维数(在 1~2 之间),图 3.6 都属于基质分形结构,这些分形维数反映了岩石的静态孔隙结构参数[38]。

7. 过程模型

Bryant 等[39~42]率先使用基于地质学的网络模型构建方法来模拟岩石孔隙结构。方法是,在一个封闭空间内随机分布一些等大的球来模拟层积。首先让这些球均匀膨胀,使得它们开始部分相交,然后移动这些球的球心,使它们在垂直方向上更靠近一点,一部分球之间出现相交,得到一个配位数不大于 4 的网络模型,然后在重构的孔隙空间上进行了流动模拟。Bryant 等[39~42]利用这个模型预测了砂岩和胶结英岩的绝对渗透率、相对渗透率、毛管压力等流动特性和 Fontainebleau 砂岩渗透率的变化趋势,这是多孔介质微观模型重构的一个成功例子。该模型的问题是,只能用于模拟由同样大小颗粒构成的多孔介质,因而应用范围受到一定的限制。类似的,球形堆积的模型也被用于分析多孔介质的结构特征和其他的一

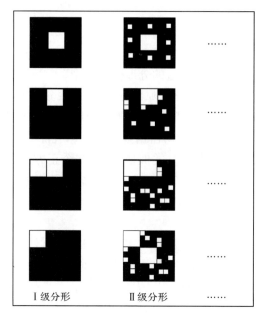

图 3.6　各种类型的 Sierpinski 地毯

些力学与传输的特性。

8. 随机统计模型

　　为了构建三维孔隙模型,常常需要利用一些二维薄片样本的高分辨率图像,从这些二维薄片样本的高分辨率图像中可以得到多孔介质的一些几何特性,如孔隙度、连通关系等,利用这些统计信息重构的三维模型具有和二维图像一致的孔隙几何与分布特性。这类方法的一个明显优点是,二维孔隙信息基于真实孔隙结构图像,由此所获取的三维孔隙信息接近于真实孔隙结构,通过选取合适的描述孔隙空间形态特征的统计量,整个多孔材料的孔隙空间结构即可被构建出来。

　　20 世纪 70 年代后,不断发展的计算机技术及图像分析技术被应用到孔隙结构建模中来。其中被广泛研究的随机重构方法是高斯随机场法。Joshi[43]首次提出了建立多孔介质重构的随机法——高斯场法,该方法首先随机产生一个由相互独立的高斯变量组成的标准的高斯场 $X(r)$,之后高斯场 $X(r)$ 经过线性变换转换到具有相关性的高斯场 $Y(r)$。该过程中,孔隙率和相关函数均作为约束条件被考虑进来。最后高斯场 $Y(r)$ 通过非线性变化转化为符合统计分析结果的孔隙率和相关函数的数字模型。由于计算工具的限制,Joshi 实际只建立起二维孔隙岩石的数值模型。Quiblier[44]进一步发展了 Joshi 提出的算法,并应用于构建三维孔隙模型。Adier 等[45]和 Ioannidis 等[46]在建模过程中引入了快速傅里叶变换法,通过对该方法和已有的线性、非线性转化算法的综合运用改善了问题的求解速度。

3.1.2　岩石裂隙模型回顾

近年来,裂隙岩体渗流性质及定量模型成为一个热点研究内容。提出了众多的裂隙岩体渗流模型,如双重介质模型、等效连续介质模型、渗流场-应力场-温度场耦合模型、概化模型以及基于裂隙随机性质的离散裂隙网络模型[47~65]。

1. 双重介质模型

双重介质模型将岩石看成是由连续介质、裂隙介质组成的结构体,连续介质为均质同性的弹塑性体,裂缝介质服从节理单元模型;或者依据岩体裂隙的统计平均、体积平均及混合物理论,用两个相重叠的连续介质来表示,其中一个代表孔隙介质块,另一个代表裂隙[47~51]。双重介质模型为解决了岩石裂隙场和渗流场的计算提供了一种简便可行的方法。但对低渗透砂岩油藏的裂缝而言,裂缝分布具有不均匀、不连续的特点,其自身不能形成渗流网络通道,双重介质理论显然不能适用。图 3.7 给出了一种典型的双重介质模型[49]。

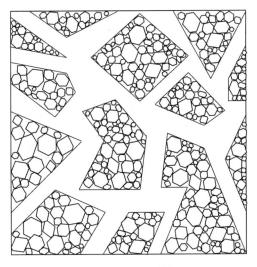

图 3.7　双重介质模型

2. 等效连续介质模型

等效连续介质模型一般是通过一个代表性的单元体来估算整个裂隙岩石力学特性,如应力波传播性质、渗流性质等。该模型是将岩石中裂隙的水流等效平均到整个岩体中,再将其视为具有对称渗透张量的各向异性连续介质体,这种模型采用孔隙介质渗流的分析方法,在水体渗流领域方面应用很广,更适合低渗裂缝性岩石储层的渗流问题,如图 3.8 所示[52]。等效连续介质模型采用了经典的连续介质力学原理来分析问题,这种黑箱式的模型忽略了岩石内部孔/裂隙结构引起的非均质性,这种模型不适合分析岩体内部破坏与裂缝扩展[52~56]。

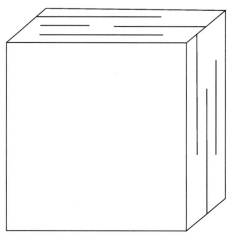

图 3.8　等效连续介质模型

3. 概化模型

概化模型是将岩石中的裂隙结构简化成平直的裂隙,模型由两块钢板叠合而成,其中下板为一平整光滑的钢板,而在上板开了 5 级不同深度不同宽度的阶梯面以近似模拟天然裂隙的变开度。概化裂隙模型的各级开度值依次增大,裂隙模型的长度和宽度固定[59]。概化裂隙模型为研究单裂隙的非饱和流动性质提供了行之有效的方法。

4. 离散裂隙网络模型

离散裂隙网络模型首先假定裂隙几何特征(包括形状、位置、产状、尺寸和开度等)的概率分布函数,利用现场量测数据获得统计参数,再通过随机生成算法(如 Monte Carlo 法、人工智能、全局优化等)构建一个三维裂隙网络模型,如图 3.9 所示[62]。裂隙网络的渗流力学性质可以由裂隙网络的空间分布与连通性质以及单裂隙的渗流特征计算得出。三维离散裂隙网络模型试图模拟岩体的每一条裂隙及连通状态,得到空间各点真实的渗流状态。模型的拟真程度和计算精度较高,它为定量描述天然岩体复杂的内部裂隙结构和物理力学响应提供了途径。然而,多数离散裂隙网络模型假设的裂隙面形状和接触条件(忽略接触面的粗糙性）、裂隙的连通方式和渗流机制与实际岩体的裂隙网络系统存在较大差异。特别是,开挖引发外部应力场变化时,岩体裂隙网络的变形破坏模式及其对渗流性质的影响目前尚不完全清楚,造成 DFNM 预测结果与实际情况之间存在相当大的差距,三维离散裂隙网络数值计算模型有待完善[58~65]。

图 3.9　随机离散裂隙网络模型

3.2　岩石孔隙模型重构方法

3.2.1　Monte Carlo 方法

Monte Carlo 方法,又称 Monte Carlo 模拟,是把某一现实或抽象系统的部分状态或特征,用另一个系统即模型来代替或者模仿,并在模型上进行试验来模拟研究现实系统的性质和表现。

Monte Carlo 方法的基本思想是将各种随机事件的概率特征（如概率分布、数学期望）与随机事件的模拟联系起来,用试验的方法确定事件的相应概率与数学期望。因而,Monte Carlo 方法的突出特点是概率模型的解由试验得到,不是计算出来的。

Monte Carlo 方法解题的一般过程有以下三个步骤:

1) 构造问题的概率模型

对随机性质的问题,如中子碰撞、粒子扩散运动等,主要是描述和模拟运动的概率过程,建立概率模型或者判别式。对确定性问题,如确定 π 值、计算定积分,则需要将问题转化为随机性问题。例如,计算连续函数 $g(x)$ 在区间 $[a,b]$ 的定积分,则是在 $c(b-a)$ 的有界区域内产生若干随机点,并计算满足不等式 $y_j \leqslant g(x_j)$ 的点数,从而构成了问题的概率模型。

2) 从已知概率分布中抽样

从已知概率分布中抽样,实际上是指产生已知分布的随机数序列,从而实现对随机事件的模拟。例如,要得到估值 $\hat{I}$,关键在于产生 $f(x)$ 的抽样序列 $f(x_1)$, $f(x_2),\cdots,f(x_n)$,即产生具有密度函数 $f(x)$ 的随机序列。

3) 建立所需的统计量

对求解的问题,用试验的随机变量 $\frac{k}{n}$ 作为问题解的估值,若 $\frac{k}{n}$ 的期望值恰好是所求问题的解,则所得结果为无偏估计,这种情况在 Monte Carlo 方法中用得最多。除无偏估计之外,有时也用到极大然估计、渐进估计等。

3.2.2　随机数的产生

Monte Carlo 方法中有个很重要的概念——随机数,随机数的产生大致可分为三类:第一类利用专门的随机数表(有一些已制备好的随机数表可供使用),原则上可以把随机数表输入到计算机中存储起来以备使用。但由于计算时常常需要大量的随机数,而计算机的存储量有限,因此一般不采用这种方法;第二类方法用随机数发生器产生随机数,但其成本太高;第三类用专门的数学方法用计算机生成,这些数一般是按照一定规律递推计算出来的,因此它们不是真正的随机数(或称伪随机数),所得的数列经过一定时间会出现周期性的重复。但是,如果计算方法选得恰当,它们可以同真正的随机数有近似的随机特征。它的最大优点是计算速度快,占用内存小,并可通过算法来产生和检验[66]。

用数学算法来产生随机的方法常用的有以下几种:

1. 均匀分布随机数的产生

1) 乘同余法[66]

用以产生 $(0,1)$ 均匀分布随机数的递推公式为

$$x_i = \lambda x_{i-1}(\mathrm{mod}M), \quad i=1,2,\cdots \tag{3.13}$$

式中,λ 为乘因子(简称乘子);M 为模数。

当给定一个初始值 x_0 之后,就可以利用式(3.13)计算出序列 $x_1,x_2,\cdots,x_k$,再取

$$r_i = \frac{x_i}{M} \tag{3.14}$$

式中,r_i 为均匀分布的第 i 个随机数。

由于 x_i 是除数为 M 的被除数的余数,所以有 $0 \leqslant x_i \leqslant M$,则 $0 \leqslant r_i \leqslant 1$。因

此序列 $\{r_i\}$ 是 $(0,1)$ 区间上的均匀分布。由式 (3.13) 和式 (3.14) 可以看出，每一个 x_i 和 r_i 至多有 M 个互异的值，因此 x_i 和 r_i 是周期性的，周期为 L，即 $L \leqslant M$。因此 $\{r_i\}$ 不是真正的随机数列。但是，当 L 充分大时，则在一个周期内的数可能经受住独立性和均匀性检验，而这些完全取决于参数 x_0、λ、M 的选择。一些文献推荐下列参数，取 $x_0 = 1$ 或正奇数，$M = 2^k$，$\lambda = 5^{2q+1}$，其中 k 和 q 都是正整数。其 k 越大，则 L 越大，若计算机位数为 n，一般取 $k \leqslant n$，q 是满足 $5^{2q+1} < 2^n$ 的最大整数。

2）混合同余法[66]

混合同余法是加同余法和乘同余法的混合形式，又称为线性同余法，混合同余法的递推公式为

$$x_i = (\lambda x_i + c)(\mathrm{mod}M)，\quad i = 1, 2, \cdots \tag{3.15}$$

$$r_i = \frac{x_i}{M} \tag{3.16}$$

通过适当地选择参数可以改善伪随机数的统计性质。例如，若 c 取正整数，$M = 2^k$，$\lambda = 4q + 1$，x_0 取任意非负整数，可产生随机性好，且有最大周期 $L = 2^k$ 的序列 $\{r_i\}$。

2. 任意分布随机数的产生

1）离散型随机变量的情形[66]

设随机变量 X 具有分布律 $P\{X = x_i\} = P_i(i = 1, 2, \cdots, n)$，令 $P^{(0)} = 0$，$P^{(i)} = \sum_{j=1}^{i} p_j$，将 $\{P^{(i)}\}$ 作为区间 $(0,1)$ 上的分位点。设 r 是区间 $(0,1)$ 上均匀分布的随机变量，当且仅当 $P^{(i-1)} < r < P^{(i)}$ 时，令 $X = x_i$，则

$$P\{p^{(i-1)} < r \leqslant p^{(i)}\} = P\{X = x_i\} = p^{(i)} - p^{(i-1)} = p_i \tag{3.17}$$

具体执行过程是，每产生 $(0,1)$ 区间上的一个随机数 r，若 $P^{(i-1)} < r < P^{(i)}$，则令 $X = x_i$。

2）连续型随机变量的情形[66]

一般来讲，对具有给定分布的连续型随机变量 X，均可利用 $(0,1)$ 区间上均匀分布的随机数来产生的随机数，其中最常用的方法是反函数法。

设连续型随机变量 X 的概率密度函数为 $f(x)$，令

$$r = \int_{-\infty}^{x} f(t)\mathrm{d}t \tag{3.18}$$

式中，r 为区间 $(0,1)$ 上均匀分布的随机变量。

当给出了 $(0,1)$ 区间上的均匀随机数 $r_1, r_2, \cdots, r_k$ 时，可根据式 (3.19) 可解出 $x_1, x_2, \cdots, x_k$，此时 $x_1, x_2, \cdots, x_k$ 可作为随机变量 X 的随机数：

$$r_i = \int_{-\infty}^{x_i} f(t)\mathrm{d}t，\quad i = 1, 2, \cdots \tag{3.19}$$

3. 正态分布随机数的产生

下面介绍两种产生正态分布随机数的方法[66]：

1）极限近似法

设 $r_1,r_2,\cdots,r_n$ 是 $(0,1)$ 区间上 n 个独立的均匀分布的随机数，由中心极限定理得到

$$x = \frac{\sum\limits_{i=1}^{n} r_i - \dfrac{n}{2}}{\sqrt{\dfrac{n}{12}}} \qquad (3.20)$$

式中，x 为近似服从正态分布 $(0,1)$ 的随机数。

为了保证一定的精度，式(3.20)中 n 应取得足够大，一般取 $n=10$，为方便起见，可取 $n=12$，此时式(3.20)有最简单的形式：

$$x = \sum_{i=1}^{12} r_i - 6 \qquad (3.21)$$

当 r_i 是 $(0,1)$ 上的随机数时，则 $1-r_i$ 也是 $(0,1)$ 上的随机数，因此式(3.21)可改写为

$$x = \sum_{i=1}^{6} r_i - \sum_{i=7}^{12} r_i \qquad (3.22)$$

若随机数 x 服从 $N(0,1)$ 分布时，令

$$y = \sigma x + \mu \qquad (3.23)$$

式中，y 为正态分布 $N(\mu,\sigma^2)$ 的随机数。

由此可以得到任意参数 μ,σ^2 的正态分布的随机数。

2）坐标变换法

可以证明：当 r_1 和 r_2 是两个相互独立的 $(0,1)$ 区间上均匀分布的随机数时，有以下变换：

$$\begin{cases} x_1 = \sqrt{-2\ln r_1}\cos(2\pi r_2) \\ x_2 = \sqrt{-2\ln r_1}\sin(2\pi r_2) \end{cases} \qquad (3.24)$$

式中，r_1 和 r_2 为两个独立的标准正态分布 $N(0,1)$ 的随机数。

再由式(3.24)，可以得到任意参数的正态分布 $N(\mu,\sigma^2)$ 的两个独立的随机数。

3.2.3　孔隙结构的数学模型

目前已经有很多数学模型被用来描述孔隙特征并构建孔隙结构模型，如均匀分布函数、正态分布函数、对数正态分布函数、截断正态分布函数、指数分布函数、

分形分布函数、瑞利分布函数、截断威布尔分布函数等,它们可以表征如孔径、孔喉、配位数等几何的分布性质。下面分别对这些函数进行介绍,并讨论每个模型的适用范围。

1) 均匀分布模型

均匀分布模型简单,易于应用,可以用来描述孔隙分布较均匀的岩石类材料。天然岩体的形成过程是层层沉积而成,所以在深度方向上有些岩体孔隙的分布规律符合均匀分布。如若研究平面情况下,研究孔隙位置的分布,可以用此模型为基础进行模拟分析,可以建立较为有效的孔隙在空间中的分布函数。

对于一维情况,设 X 在区间 (a,b) 上服从均匀分布,其概率密度为[66]

$$f(x) = \frac{1}{a-b}, \quad a \leqslant x \leqslant b \tag{3.25}$$

$$f(x) = 0, \quad x < a, x > b \tag{3.26}$$

X 的数学期望为

$$E(X) = \int_a^b x \frac{1}{b-a} dx = \frac{a+b}{2} \tag{3.27}$$

$$D(X) = E(X^2) - [E(X)]^2 = \frac{(b-a)^2}{12} \tag{3.28}$$

对于二维情况,均匀分布的概率密度函数为[66]

$$f(x,y) = \begin{cases} \frac{1}{\pi R^2}, & x^2 + y^2 < R^2 \\ 0, & x^2 + y^2 > R^2 \end{cases} \tag{3.29}$$

对于三维情况,均匀分布的概率密度函数为[66]

$$f(x,y,z) = \begin{cases} \frac{1}{\pi R^2}, & x^2 + y^2 + z^2 < R^2 \\ 0, & x^2 + y^2 + z^2 > R^2 \end{cases} \tag{3.30}$$

2) 正态分布模型

正态分布是一种特殊的分布,并不是所有的岩石孔隙都适合正态分布,从目前的研究结果来看,砂岩中孔隙间距分布在一定范围内符合正态分布模型。正态分布函数模型中有两个参数期望 μ 和方差 σ,这两个参数控制着正态分布函数的形状和位置,因而导致符合正态分布模型的孔隙空间结构具有正态分布曲线的特征:集中性、对称性、中间向两边逐渐减少等性质。

设 X 服从参数为 μ、σ 的正态分布,其密度函数为[66]

$$f(x) = \frac{1}{\sqrt{2\pi}\sigma} \exp\left[\frac{-(x-\mu)^2}{2\sigma^2}\right], \quad \sigma > 0; -\infty < x < \infty \tag{3.31}$$

X 的数学期望为

$$E(X) = \int_{-\infty}^{\infty} x f(x) dx = \int_{-\infty}^{\infty} x \frac{1}{\sqrt{2\pi}\sigma} \exp\left[-\frac{(x-\mu)^2}{2\sigma^2}\right] dx = \mu \tag{3.32}$$

而方差为

$$D(X) = \int_{-\infty}^{\infty} (x-\mu)^2 f(x)\mathrm{d}x = \frac{1}{2\pi\sigma} \int_{-\infty}^{\infty} (x-\mu)^2 \exp\left[-\frac{(x-\mu)^2}{2\sigma^2}\right]\mathrm{d}x = \sigma^2$$

(3.33)

3) 对数正态分布模型

现有研究表明岩石类孔隙大小的分布满足对数正态分布,确定孔隙半径分布的关键就是确定对数正态分布中的两个参数 μ 和 σ。这两个参数最常用的确定方法是通过试验来获取,即通过 CT 试验、SEM 试验或者压汞试验所获取的试验数据分析统计得出。

对数正态分布密度函数的表达式为[67]

$$f(x) = \frac{1}{x\sigma\sqrt{2\pi}}\exp\left[-\frac{(\ln x-\mu)^2}{2\sigma^2}\right], \quad x>0$$

(3.34)

$$f(x)=0, \quad x\leqslant 0$$

(3.35)

式中,μ 和 σ 为常数。

数学期望和方差分别为

$$E(X) = \int_{-\infty}^{\infty} xf(x)\mathrm{d}x = \exp\left(\frac{\mu+\sigma^2}{2}\right)$$

(3.36)

$$D(X) = \int_{-\infty}^{\infty} [x-E(x)]^2 f(x)\mathrm{d}x = \exp(2\mu+\sigma^2)[\exp(\sigma^2)-1]$$

(3.37)

确定参数的另一种方法是利用分形概率模型得到参数 μ 和 σ,即可得到孔隙半径小于 r 的累积体积分数 S 的表达式:

$$S = \frac{V(<r)}{V} = \frac{r^{3-D}-r_{\min}^{3-D}}{r_{\max}^{3-D}-r_{\min}^{3-D}}$$

(3.38)

由于 $r_{\min}<r_{\max}$,则式(3.38)可简化为

$$S = \left(\frac{r}{r_{\max}}\right)^{3-D}$$

(3.39)

可导出 $r=r_{\max}S^{\frac{1}{3-D}}$,进而可得孔隙半径均值 $\bar{r}$ 和均方差为

$$\bar{r} = \int_0^1 r\mathrm{d}s = \frac{3-D}{4-D}r_{\max}$$

(3.40)

$$\delta = \sqrt{\left|\int_0^1 (r-\bar{r})^2\mathrm{d}s\right|} = r_{\max}\sqrt{\frac{3-D}{5-D}-\left(\frac{3-D}{4-D}\right)^2}$$

(3.41)

由式(3.36)、式(3.37)、式(3.40)和式(3.41)即可确定参数 μ 和 σ。

4) 指数分布模型

孔隙大小以及裂隙的长短分布情况对于研究岩石材料的破坏机理具有重要的意义,指数分布模型在一定条件下可以描述孔隙尺寸的分布规律。假设孔径分布是连续的,分布密度函数 $f(r)$ 可用下式表示[68,69]:

$$f(r) = k_1 e^{-k_2 r^2} \tag{3.42}$$

式中, r 为孔半径; k_1 和 k_2 为待定参数,必须满足归一化条件,即

$$\int_0^\infty f(r) \mathrm{d}r = 1 \tag{3.43}$$

同时,假设孔长度 $L(r)$ 随孔径分布 r 变化的函数关系为

$$\mathrm{d}V = \pi L(r) r^2 f(r) \mathrm{d}r \tag{3.44}$$

式中, k_3 和 k_4 为待定参数。

对于圆柱形的孔结构而言,孔的比表面积 $\mathrm{d}s$ 和孔容积 $\mathrm{d}V$ 可分别表示为

$$\mathrm{d}s = 2\pi L(r) r f(r) \mathrm{d}r \tag{3.45}$$

$$\mathrm{d}V = \pi L(r) r^2 f(r) \mathrm{d}r \tag{3.46}$$

式中, $f(r)\mathrm{d}r$ 为半径为 $r \sim r + \mathrm{d}r$ 区间内的孔分布密度,即在全部孔中,孔半径为 $r \sim r + \mathrm{d}r$ 的孔所占百分数,该值反映了该孔径范围内孔数目的多少。

将式(3.42)和式(3.44)代入式(3.45)和式(3.46),对所有孔径的孔进行积分,积分值分别等于岩体内全部孔的总的比表面积 S_0 和总的孔体积 V_0,即

$$S_0 = \int_0^\infty 2\pi k_3 e^{-k_4 r} r r k_1 e^{-k_2 r^2} \mathrm{d}r = \frac{48\pi k_1 k_3}{(k_2 + k_4)^5} \tag{3.47}$$

$$V_0 = \int_0^\infty \pi k_3 e^{-k_4 r} r r^2 k_1 e^{-k_2 r^2} \mathrm{d}r = \frac{120\pi k_1 k_3}{(k_2 + k_4)^6} \tag{3.48}$$

联立式(3.47)和式(3.48),可得

$$k_2 + k_4 = \frac{2.5 S_0}{V_0} \tag{3.49}$$

$$k_1 k_3 = \frac{0.6476 S_0^6}{V_0^5} \tag{3.50}$$

应用归一化条件,可得

$$k_1 = \frac{1}{2} k_2^3 \tag{3.51}$$

此模型假设孔的形状为圆柱形,因此可用一个等效圆柱孔的比表面积和孔体积来表示总的比表面积 S_0 和总的孔体积 V_0,即假设全部孔的平均半径为 r_m,等效孔长度为 L,则 S_0 和 V_0 可用下述等效公式来表示:

$$S_0 = 2\pi r_\mathrm{m} L \tag{3.52}$$

$$V_0 = \pi r_\mathrm{m}^2 L \tag{3.53}$$

式(3.52)和式(3.53)中的平均孔半径 r_m 可以结合孔径分布密度函数 $f(r)$ 用积分法求出:

$$r_\mathrm{m} = \int_0^\infty r f(r) \mathrm{d}r = \int_0^\infty r k_1 \exp(-k_2 r) r^2 \mathrm{d}r = \frac{6 k_1}{k_2^4} \tag{3.54}$$

将式(3.51)~式(3.54)联立,可解得

$$k_2 = \frac{1.5S_0}{V_0} \tag{3.55}$$

将式(3.55)代入式(3.49)~式(3.51)中可求出 k_1、k_3 和 k_4，则 $f(r)$ 和 $L(r)$ 的具体表达式即可确定。

把 k_1 和 k_2 的具体数值代入式(3.42)，可以绘出孔径分布密度函数曲线，并可计算任意孔径范围内孔径分布密度 D_p：

$$D_p = \int_{r_1}^{r_2} k_1 \exp(-k_2 r) r^2 \, \mathrm{d}r \tag{3.56}$$

将 k_3 和 k_4 代入式(3.44)可绘制孔长度随孔半径变化的曲线，可以方便地看出孔长随半径的变化趋势。同理将 $f(r)$ 和 $L(r)$ 的具体表达式代入式(3.45)和式(3.46)进行积分，可以计算任意孔径范围内孔的比表面积和孔体积。这类孔隙模型不仅可以对孔隙半径大小分布进行定量描述，同时可以计算出孔隙率和比表面积，这些参数在研究矿山中瓦斯分布及含量评估方面具有指导意义，同时在地下石油的开采和石油含量评价方面也具有广泛的应用前景。

5) 分形模型

分形模型可以对岩体的孔隙大小分布以及孔隙率进行定量分析，通过计算孔隙结构的分形维数可以直接得到孔隙大小的分布函数，从而可以得到孔隙的大小分布。在此基础上结合岩石类材料的宏观试验，可以对岩石类材料的破坏行为以及力学性能与结构参数建立联系，将以往的定性研究转化为定量研究。但此类模型有其局限性，其前提条件之一是尺度问题，研究的尺度范围内岩石的孔隙分布应具有分形性质。

根据分形几何原理[70]，岩体中孔隙半径大于 r 的孔隙数目 $N(>r)$ 与半径 r 之间有如下的关系[71~73]：

$$N(>r) = \int_r^{r_{\max}} f(r) \, \mathrm{d}r = \alpha r^{-D} \tag{3.57}$$

式中，$r_{\max}$ 为最大孔隙半径；$f(r)$ 为孔径分布密度函数；D 为孔隙分形维数；α 为比例系数。

将式(3.57)对 r 求导，可得到孔径分布的密度函数 $f(r)$ 的表达式为

$$f(r) = \frac{\mathrm{d}N(>r)}{\mathrm{d}r} = -D\alpha r^{-D-1} \tag{3.58}$$

由式(3.58)就可以计算出岩体中半径小于 r 的孔隙累积体积 $V(<r)$ 的表达式为

$$V(<r) = \int_{r_{\min}}^r f(r)\beta r^3 \, \mathrm{d}r = \frac{D\alpha\beta}{3-D}(r^{3-D} - r_{\min}^{3-D}) \tag{3.59}$$

式中，$r_{\min}$ 为最小孔隙半径；β 为与孔隙结构有关的常数(如孔隙为立方体，$\beta=1$；为球体，$\beta=1.33\pi$)。

同理可得到岩体的总孔隙体积 V 为

$$V=\frac{D\alpha\beta}{3-D}(r_{\max}^{3-D}-r_{\min}^{3-D})\qquad(3.60)$$

在能够确定参数 α 的情况下,应用式(3.60)即可计算孔隙分布的概率密度函数,采用古典型条件概率分布的定义方法来计算孔隙的概率密度分布。

设孔隙半径 r 的范围是$[r_{\min},r_{\max}]$,按古典型概率密度分布有

$$P(r>r_{\rm p}\mid r_{\min}<r<r_{\max})=\frac{N(r_{\rm p})-N(r_{\max})}{N(r_{\min})-M(r_{\max})}\qquad(3.61)$$

则分布函数为

$$F(r_{\rm p})=P(r\leqslant r_{\rm p}\mid r_{\min}\leqslant r\leqslant r_{\max})=1-\frac{N(r_{\rm p})-N(r_{\max})}{N(r_{\min})-N(r_{\max})}\qquad(3.62)$$

将式(3.59)代入式(3.62),并整理可以得到孔隙分布的表达式为

$$F(r_{\rm p})=1-\frac{r_{\rm p}^{-D}-r_{\max}^{-D}}{r_{\min}^{-D}-r_{\max}^{-D}}\qquad(3.63)$$

对式(3.63)求导,可得孔隙分布的概率密度函数表达式为

$$f(r_{\rm p})=\frac{Dr_{\rm p}^{-D-1}}{r_{\min}^{-D}-r_{\max}^{-D}}\qquad(3.64)$$

3.3 岩石孔隙重构模型

利用 CT 扫描试验和数字图像分析方法获得了孔隙大小分布、孔隙数量在空间的分布以及孔隙间距的分布规律(详见第 2 章),根据所建立的统计分布函数,利用 Monte Carlo 方法中随机数的生成法,通过自编程序生成重构模型中孔隙数目、孔径大小、孔隙间距等参数的随机数序列,将随机数序列输入到 FLAC[3D]中,构建了三维孔隙模型。

采用 Monte Carlo 方法的混合同余法生成各种参数的随机数序列,生成的随机数序列满足各种参数统计分布规律。

3.3.1 孔隙空间分布随机数

试验结果表明,孔隙数目在空间上服从均匀分布。混合同余法用以生成 0~1 均匀分布随机数序列,公式如下:

$$x_i=\lambda x_{i-1}(\text{mod}M),\quad i=1,2,\cdots\qquad(3.65)$$

$$r_i=\frac{x_i}{M},\quad i=1,2,\cdots\qquad(3.66)$$

式中,r_i 为服从 0~1 均匀分布的随机数序列。

重构的三维孔隙模型尺寸为 $50\text{mm}\times25\text{mm}$,为了生成整个模型空间中所需的

均匀分布随机数序列,采用了如下公式进行换算:

$$R_i = a + (b-a)r_i, \quad i = 1,2,\cdots \tag{3.67}$$

式中,R_i 为服从 $a \sim b$ 分布的均匀随机数序列。

孔隙率和孔径大小决定孔隙的数目 N,通过式(3.67)即可生成 N 维三列随机数序列来控制模型中孔隙在空间上的分布,生成该随机数序列的同时需考虑孔隙间距分布的影响,对于孔隙间距分布的情况后面会有详细介绍。表 3.1 为生成的控制孔隙空间位置的随机数序列。

表 3.1　控制孔隙空间位置的随机数序列

N	x/mm	y/mm	z/mm	N	x/mm	y/mm	z/mm
1	9.754	39.644	19.822	26	34.895	14.254	7.127
2	45.930	3.013	1.507	27	38.950	38.497	19.249
3	37.137	43.661	21.830	28	18.484	15.769	7.884
4	0.345	31.886	15.943	29	32.849	36.913	18.457
5	41.916	20.293	10.146	30	29.555	27.780	13.890
6	16.857	26.138	13.069	31	5.659	1.676	0.838
7	3.224	7.915	3.958	32	15.782	30.015	15.008
8	37.276	49.731	24.866	33	37.475	44.785	22.392
9	19.325	9.155	4.578	34	46.033	33.214	16.607
10	10.951	11.547	5.774	35	33.442	10.724	5.362
11	4.305	38.460	19.230	36	38.330	7.803	3.901
12	39.883	44.825	22.413	37	17.619	34.024	17.012
13	49.799	49.820	24.910	38	39.000	42.879	21.440
14	10.635	29.647	14.824	39	42.264	32.525	16.263
15	39.693	5.020	2.510	40	33.963	28.282	14.141
16	20.871	49.361	24.680	41	26.628	30.030	15.015
17	43.816	37.366	18.683	42	22.555	33.815	16.908
18	25.973	24.675	12.337	43	32.426	3.997	1.999
19	5.762	37.051	18.525	44	46.688	41.133	20.567
20	7.434	2.818	1.409	45	3.009	23.043	11.521
21	30.294	47.003	23.502	46	48.358	6.435	3.218
22	42.167	8.659	4.329	47	16.236	6.493	3.246
23	8.472	33.699	16.850	48	25.237	33.656	16.828
24	11.882	14.211	7.106	49	18.867	38.513	19.256
25	42.905	26.800	13.400	50	22.688	30.755	15.377

3.3.2　孔隙间距分布随机数

由第 2 章分析可知孔隙间距服从高斯分布,通过混合同余法生成服从高斯(正态)分布的随机数序列来控制孔隙的间距,首先生成服从 0~1 均匀分布的随机数序列,具体生成方法本章前面已介绍,这里就不再重复了。通过服从 0~1 均匀分布的随机数序列 r_i 来生成服从高斯分布的随机数序列,具体公式如下:

$$x = \sum_{i=1}^{6} r_i - \sum_{i=7}^{12} r_i \tag{3.68}$$

式中,x 为服从 $N(0,1)$ 的随机数。

孔隙间距服从的高斯分布中的 $\sigma = 0.5W$、$\mu = x_c$,通过如下公式变换,即可得到服从该分布的随机数序列:

$$y = \frac{W}{2}x + x_c \tag{3.69}$$

式中,y 为控制孔隙间距分布的随机数序列。

通过控制孔隙空间位置和孔隙间距分布的随机数序列即可生成孔隙的空间位置坐标。

3.3.3　孔径大小分布随机数

孔径大小服从指数分布函数,通过混合同余法生成服从指数分布的随机数序列来控制模型中孔隙的大小。通过服从 0~1 分布的随机数序列 r_i 来生成服从指数分布的随机数序列的具体公式为

$$x_i = -\frac{1}{\lambda}\ln r_i, \quad i = 1, 2, \cdots \tag{3.70}$$

式中,x_i 为服从指数分布的随机数序列。

通过该随机数序列即可以控制模型中孔隙的大小。孔隙率和孔径大小决定模型中孔的个数 N,确定 N 值之后,即可通过上述 3.3.1 节中的方法生成随机数序列来控制模型孔隙空间位置的分布。

3.3.4　孔隙模型的建立

通过混合同余法生成了控制孔隙数量空间分布、孔隙间距和孔径等统计参数的随机数序列,这些随机数序列反映了这些参数的概率密度分布情况,把所有控制参数的随机数序列导入程序中即可生成三维孔隙模型,生成的模型与岩石真实孔隙结构相比具有相同的孔隙统计特征参数和较好的几何相似性。采用 FLAC³D 程序生成三维孔隙模型。

FLAC³D 是一种可以完成"拉格朗日分析"的显示有限差分程序。差分法是指

将表示基本方程和边界条件的微分方程的形式改用差分方程(代数方程)表示,把求解微分方程的问题改换成求解代数方程的问题,这就是所谓的差分法。因为 $FLAC^{3D}$ 计算时不需要构造总刚度矩阵,对于大变形模式来说,每一次循环都更新坐标,将位移增量累计到坐标系中,因此,网络与其所代表的材料都发生移动和变形。而对于欧拉方程,材料运动及其变形都是相对于固定的网格的,这种更新坐标的方法,就是所谓的"拉格朗日分析"。$FLAC^{3D}$ 有以下几个特点:

(1) 对模拟塑性破坏和塑性流动采用的是"混合离散法"。这种方法比有限元法中通常采用的"离散集成法"更为准确、合理。

(2) 即使模拟的系统是静态的,仍采用了动态运动方程,因而 $FLAC^{3D}$ 在模拟物理上的不稳定过程时不存在数值上的障碍。

(3) 采用了一个显式解方案。因此,显式解方案求解非线性的应力-应变关系时所花费的时间几乎与线性本构关系相同,而隐式求解方案会花费较长的时间来求解非线性问题。而且,它没有必要存储刚度矩阵,这就意味着采用中等容量的内存可以求解多单元结构;模拟大变形问题并不比求解小变形问题消耗更多的计算时间,因为没刚度矩阵。

Fish 语言是 $FLAC^{3D}$ 中自带的编程语言,内嵌入 $FLAC^{3D}$ 中,可以使用户定义新的变量和函数,这些自定义函数扩展了 $FLAC^{3D}$ 的用途,还增加了用户自定义功能。Fish 语言为用户在 $FLAC^{3D}$ 中提供了一个很好编程平台,更加方便用户自定义本构模型,进行网格的划分,编辑复杂程序等。

基于岩石孔隙结构统计参数的概率密度分布,并运用 Monte Carlo 方法生成了控制各种参数的随机数序列,通过孔隙率和孔径大小来控制孔隙数目,将控制孔隙空间位置的随机数序列 N 导入 $FLAC^{3D}$ 中。$FLAC^{3D}$ 程序中有一种基于 NULL 单元的本构模型,NULL 单元和模型通常用来表示被移除或开挖掉的材料。构建三维孔隙模型时,在随机数序列"分配"的单元位置处,用 NULL 命令来挖去 $FLAC^{3D}$ 网格中的单元,形成孔隙结构中的孔隙。$FLAC^{3D}$ 程序中的内嵌 FISH 语言具有循环的功能,借助 Fish 语言可以实现大量孔隙的生成。在 N 维 3 列的随机数序列中,3 列数分别作为孔隙的 x、y 和 z 空间坐标,N 为孔隙的个数。在编写 $FLAC^{3D}$ 程序时,将此随机数序列作为 $FLAC^{3D}$ 开挖(NULL 命令)区域的坐标,将孔径大小的随机数序列作为控制开挖的范围,即每个孔的大小。用 Fish 语言来不断的循环执行 NULL 命令,每一次 NULL 命令挖空的单元区域作为一个孔,这样循环 N 次之后,就形成了包含 N 个孔的孔隙网格模型,也就形成了一个有效的孔隙结构的三维数值计算模型。生成的三维孔隙模型如图 3.10 和图 3.11 所示。对比表明,该模型与岩石孔隙结构相比具有很好的几何相似性和一致的统计特征参数。

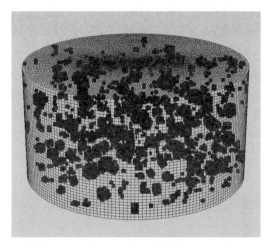

图 3.10 三维孔隙模型

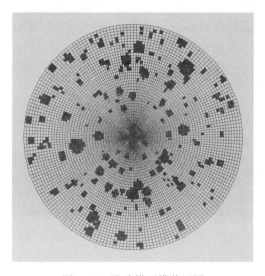

图 3.11 孔隙模型横截面图

3.4 岩石裂隙重构模型

3.4.1 三维裂隙几何模型的建立

采用图像处理软件 MIMICS(Materialise's Interactive Medical Image Control System)生成含裂隙和夹杂的三维实体模型。MIMICS 是一套高度整合而且易用

的 3D 图像生成及编辑处理软件,它能输入各种扫描的数据(CT、MRI),建立 3D
模型进行编辑,然后输出通用的 CAD(计算机辅助设计)、FEA(有限元分析),RP
(快速成型)格式,可以在 PC 机上进行大规模数据的转换处理。MIMICS 包括六
大模块。

将处理好的煤岩裂隙二维 CT 图导入 MIMICS 中,通过按照一定的间距叠加
起来实现二维图像的三维化。已知煤岩样品高度是 50mm,样品 CT 扫描图像为
250 层,由此可知层间距(slice distance)为 0.2。根据图片像素大小确定每个像素
大小,图像尺寸为 512×512 像素,试件长度为 50mm,因此每个像素大小为
0.097mm。MIMICS 能够通过 CT 图的灰度值来区分 CT 图中不同的材质,识别
出煤岩中不同类型的裂隙及与基体。生成的煤岩裂隙结构三维实体模型如
图 3.12 所示。

图 3.12　煤岩体节理/裂隙结构的三维实体模型

3.4.2　三维裂隙有限元模型的建立

三维裂隙几何模型直观地显示,煤岩裂隙和夹杂相互交叉切割,交界面粗糙
不平且不规则。裂隙和夹杂的几何形态、尺寸与空间展布等特征随机性显著。这
些特点使得常规数值方法在建立煤岩裂隙网络结构有限元模型时会遇到单元尺
寸小且数量多、网格畸变和交界面难处理等棘手问题,导致数值计算难以进行。
为克服此困难,采取以下方法构建煤岩裂隙结构的有限单元网格模型:

(1)先利用 MIMICS 对三维实体模型和内部裂隙生成面网格。面网格是由
包裹三维实体、裂隙和夹杂边界的三角片转化而成。MIMICS 依据几何突变原则

自动寻找裂隙和夹杂的边界并生成面网格和进行细化。初始生成的面网格单元数量多、质量差,基于此,可以采用控制几何误差来减少单元数量的方法对初始面网格进行优化,然后利用程序中"自动查找修复工具"修复初级网格优化中产生的嵌入三角网格和重复三角网格,完成面网格优化。裂隙由于不含填充物,因而面网格生成于裂隙两侧表面,即裂隙面两侧分离。而夹杂含填充物,与基体在几何结构上连续(材料组成不同,物理性质上不连续),因而面网格分布在夹杂与基体表面上。考虑到计算精度和应力变形分析的需要,应用 REMESH 功能和 MAN-UAL 功能对裂隙和夹杂临近区域和密集区域的面网格进行局部细化和网格加密。经过上述优化处理后,最终形成一个裂隙面和基体-夹杂界面处网格密集、基体网格相对疏散,外表面网格和裂隙内表面网格共存的初始面网格模型。

(2) 将优化好的面网格模型通过映射算法生成 4 节点四面体网格,并在裂隙和夹杂处生成密网格。通过控制网格尺寸来控制四面体单元网格的数量和质量。

(3) 在单元体网格基础上进行材料属性赋值和确定单元类型。考虑到不同属性介质 CT 图像的灰度值不同,且 CT 图像灰度级变化范围为 2^{16},足以识别不同物质。因此,可以通过调整单元尺寸和灰度值范围对不同类型单元赋予不同的材料参数,来区分单元体网格模型中的基体单元和夹杂单元。图 3.13 和图 3.14 给出了生成的裂隙煤岩三维有限元网格模型。

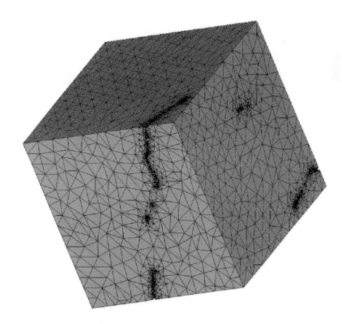

图 3.13　裂隙煤岩三维有限元网格模型

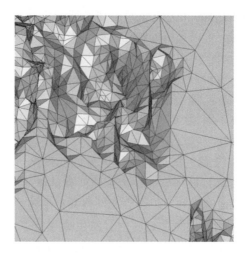

图 3.14　有限元模型的局部放大网格

3.5　本章小结

本章详细介绍了孔/裂隙岩石模型的重构方法,首先利用 Monte Carlo 方法中的随机数生成法,通过自编程序生成控制各种孔隙结构统计参数的随机数序列,并利用 FLAC³ᴰ重建了一个与天然砂岩具有相同孔隙统计特征和概率密度函数的岩石三维孔隙结构模型;同时运用微焦点 X 射线 CT 成像和图像处理技术,提取了煤岩内部裂隙网络结构,通过三维图像处理与数值分析程序 MIMICS 构建体现不连续节理/裂隙的不规则形态、接触与切割状态以及网络结构特征的岩石三维实体模型,并对实体模型进行单元网格建模以及边界处理,构建数值计算程序可以识别和高效运算的三维孔隙结构有限单元模型。

参 考 文 献

[1] Schweizer B. Laws for the capillary pressure in a deterministic model for fronts in porous media[J]. SIAM Journal on Mathematical Analysis,2005,36:1489－1521.

[2] Cheng P,Wang C Y. Multiphase mixture model for multiphase,multicomponent transport in capillary porous media-II. Numerical simulation of the transport of organic compounds in the subsurface [J]. International Journal of Heat and Mass Transfer,1996,39:3619－3632.

[3] Nicholson D,Petropoulos J H. Capillary models for porous media. IV. Flow properties of parallel and serial capillary models with various radius distributions[J]. Journal of Physics D,1973,6(14):1737－1744.

[4] Nicholson D,Petropoulos J H. Capillary models for porous media. V. Flow properties of random networks with various radius distributions [J]. Journal of Physics D,1975,8(12): 1430—1434.

[5] 潘保芝,张丽华,单刚义,等. 裂缝和孔洞型储层孔隙模型的理论进展[J]. 地球物理学进展, 2006,21(4):1232—1237.

[6] Voloitin Y,Looyestijn W J,Slijkerman W,et al. A practical approach to obtain primary drainage capillary pressure curves from NMR core and log data [J]. Pet Rophysics,2001, 42(4):334—343.

[7] Iotis A G,Stubos A K,Boudouvis A G et al. Pore-network modeling of isothermal drying in porous media [J]. Transport in Porous Media,2005,58:63—86.

[8] Blunt M J,Jackson M D,Piri M,et al. Detailed physics,predictive capabilities and macroscopic cones- quences for pore-network models of multiphase flow [J]. Advances in Water Resources,2002,25:1069—1089.

[9] 刘堂晏,肖立志,傅容删,等. 球管孔隙模型的核磁共振(NMR)弛豫特征及应用[J]. 地球物理学报,2004,4(47):663—671.

[10] 周灿灿,刘堂晏,马在田,等. 应用球管模型评价岩石孔隙结构[J]. 石油学报,2006,1(27): 92—96.

[11] Pereira G G,Pinczewski W V,Chan D Y C,et al. Pore-scale network model for drainage-dominated three- phase flow in porous media [J]. Transport in Porous Media,1996,24: 157—166.

[12] Celia M A,Reeves P C,Ferrand L A. Recent advances in pore scale models for multi-phase flow in porous media [J]. Reviews of Geophysics,1995,33:1049—1058.

[13] 席道瑛,徐松林,王鑫,等. 高孔隙岩石局部变形带的简化模型[J]. 地球物理学进展,205, 30(4):1935—1940.

[14] 李留仁,赵艳艳,李忠兴,等. 多孔介质微观孔隙结构分形特征及分形系数的意义[J]. 石油大学学报(自然科学版),2004,3(28):106—114.

[15] 张丽华,潘保芝,单刚义. 应用三重孔隙模型评价火成岩储层[J]. 测井技术,2008,32(1): 37—40.

[16] Yeong C L Y,Torquato S. Reconstructing random media. II. Three-dimensional media from two-dimensional cuts [J]. Physical Review E,1998,58:224—233.

[17] Yeong C L Y,Torquato S. Reconstructing random media [J]. Physical Review E,1998,57: 495—506.

[18] Roberts A P. Statistical reconstruction of three-dimensional porous media from two-dimensional image[J]. Physical Review E,1997,56:3203—3212.

[19] Rintoul M D,Torquato S. Reconstruction of the structure of dispersions [J]. International Journal of Colloid Interface Science,1997,186:467—476.

[20] Adler P M,Jacquin C G,Thovert J F. The formation factor of reconstructed porous media [J]. Water Resources Research,1992,28:1571—1576.

[21] 刘志军,夏唐代,张琼方,等. 双相多孔介质中体波传播特性影响参数研究[J]. 岩土力学, 2014,35(12):3443—3450.

[22] 杨志芳,曹宏,姚逢昌,等. 复杂孔隙结构储层地震岩石物理分析及应用[J]. 中国石油勘探,2014,19(3):50—56.

[23] Al-Raoush R,Thompson K E,Willson C S. Comparison of network generation techniques for unconsolidated porous media systems [J]. Soil Science Society of America Journal, 2003,67:1687—1700.

[24] Fischer U,Celia1 M,Prediction of relative and absolute permeabilites for gas and water retention curves using a porescale network model [J]. Water Resources Research,1999, 35(4):1089—1100.

[25] Bakke S,Qren P E. Three dimension pore-scale modeling of sandstones and flow simulations in the pore networks [J]. Society of Petroleum Engineers Journal,1997,2(2): 136—149.

[26] 王金勋,吴晓东,潘新伟. 孔隙网络模型法计算水相滞留对气体渗流的影响[J]. 石油勘探与开发,2003,5(30):113—115.

[27] 焦翠华,王绪松,才巨宏. 双孔隙结构对声波时差的影响及孔隙度的确定方法[J]. 测井技术,2003,4(27):288—290.

[28] 王舜益,贺伟,王阳. 三维三相裂缝～孔隙模型在五百梯石炭系气藏中的应用[J]. 天然气勘探与开发,2002,1(25):24—28.

[29] 王金勋,吴晓东,杨普华. 孔隙网络模型法计算气液体系吸吮过程相对渗透率[J]. 天然气工业,2003,3(23):8—10.

[30] 钱家欢. 土力学[M]. 南京:河海大学出版社,1995.

[31] 王达健,陈书荣,张雄飞,等. 多孔介质孔隙模型及其应用-毛细管束模型[J]. 计算机与应用化学,2001,18(5):429—432.

[32] Sangani A S,Acrivos A. Slow flow past periodic arrays of cylinders with application to heat transfer [J]. International Journal of Multiphase Flow,1982,8(3):193—206.

[33] Zick A A. Heat conduction through periodic arrays of spheres [J]. International Journal of Heat and Mass Transfer,1983,26(3):465—469.

[34] Sangani A. S,Acrivos A. Slow flow through a periodic array of spheres [J]. International Journal of Multiphase Flow,1982,8(4):343—360.

[35] Larson R E,Higdon J J L. Microscopic flow near the surface of two-dimensional porous media [J]. Journal of Fluid Mechanics,1987,178:119—136.

[36] 陈书荣,王达健,张雄飞,等. 多孔介质孔隙结构的网络模型应用[J]. 计算机与应用化学, 2001,18(6):531—535.

[37] Thovert J F. Thermal conductivity of random media and regular fractals [J]. Journal of Applied Physics,1990,68(8):3872—3883.

[38] 张东辉,金峰,施明恒,等. 分形多孔介质中的热传导[J]. 应用科学学报,2003,21(3): 253—257.

[39] Bryant S L,Blunt M. Prediction of relative permeability in simple porous media [J]. Physical Review A,1992,46(4):2004—2011.

[40] Bryant S L,King P R,Mellor D W. Network model evaluation of permeability and spatial correlation in a real random sphere packing [J]. Transport in Porous Media,1993,11(1):53—70.

[41] Bryant S L,Mellor D W,Cade C A. Physically representative network models of transport media [J]. AICHE Journal,1993,39(3):387—396.

[42] Bryant S L,Raikes S. Prediction of elastic wave velocities in sandstones using structural models [J]. Geophysics,1995,60(2):437—446.

[43] Joshi M. A Class of Stochastic Models for Porous Media [M]. Lawrence Kansas:University of Kansas,1974.

[44] Quiblier J A. A new 3D modeling technique for studying porous media [J]. Journal of Colloid and Inerface Science,1984,98(1):84—102.

[45] Adier P M,Jacquin C G,Quiblier J A. Flow in simulated porous media [J]. International Journal of Multiphase Flow,1990,16(3):691—712.

[46] Ioannidis M A,Chatzis I. On the geomerey and topology of 3D stochastic porous media [J]. Journal of Colloid and Interface Science,2000,2(229):323—334.

[47] 赵延林,曹平,赵阳升,等. 双重介质温度场-渗流场-应力场耦合模型及三维数值研究[J]. 岩石力学与工程学报,2007,12(S2):4024—4031.

[48] 吉小明,白世伟,杨春和. 裂隙岩体流固耦合双重介质模型的有限元计算[J]. 岩土力学,2003,24(5):748—754.

[49] Barenblatt G I,Zheltov I P,Kochina I N. Basic concepts in the theory of seepage of homogeneous liquids in fissured rocks [J]. Journal of Applied Mathematics and Mechanics,1960,24(5):852—864.

[50] Warren J E,Root P J. The behavior of naturally fractured reservoirs [J]. Society of Petroleum Engineers Journal,1963,3(3):245—255.

[51] 刘洋,李世海,刘晓宇. 基于连续介质离散元的双重介质渗流应力耦合模型[J]. 岩石力学与工程学报,2011,30(5):951—959.

[52] 冯金德,程林松,李春兰,等. 裂缝性低渗透油藏等效连续介质模型[J]. 石油钻探技术,2007,35(5):94—97.

[53] 李建春,李海波,Guowei M A,等. 节理岩体的一维动态等效连续介质模型的研究[J]. 岩石力学与工程学报,2010,29(S2):4063—4067.

[54] 王鹏,乔兰,李长洪,等. 岩质边坡渗流场中等效连续介质模型的应用[J]. 北京科技大学学报,2003,25(2):99—102.

[55] 薛守义. 论连续介质概念与岩体的连续介质模型[J]. 岩石力学与工程学报,1999,18(2):230—232.

[56] 刘建军,刘先贵,胡雅礽,张盛宗. 裂缝性砂岩油藏渗流的等效连续介质模型[J]. 重庆大学学报(自然科学版),2000,23(S1):158—160.

[57] 詹美礼,胡云进,速宝玉. 裂隙概化模型的非饱和渗流试验研究[J]. 水科学进展,2002,
　　　 13(2):172—178.

[58] Dowda P A,Martinb J A,Xu C,et al. A three-dimensional fracture network data set for a
　　　 block of granite[J]. International Journal of Rock Mechanics and Mining Science,2009,
　　　 46(5):811—818.

[59] 陈必光,宋二祥,程晓辉. 二维裂隙岩体渗流传热的离散裂隙网络模型数值计算方法[J].
　　　 岩石力学与工程学报,2014,33(1):43—51.

[60] Liu X Y,Zhang C Y,Liu Q S,et al. Multiple-point statistical prediction on fracture net-
　　　 works at Yucca Mountain[J]. Environmental Geology,2009,57(6):1361—1370.

[61] Jourde H,Fenart P,Vinches M,et al. Relationship between the geometrical and structural
　　　 properties of layered fractured rocks and their effective permeability tensor:A simulation
　　　 study[J]. Journal of Hydrology,2007,337(1-2):117—132.

[62] 张彦洪,柴军瑞. 岩体离散裂隙网络渗流应力耦合分析[J]. 应用基础与工程科学学报,
　　　 2012,20(2):253—261.

[63] Tran N H,Chen Z,Rahman S S. Characterizing and modelling of fractured reservoirs with
　　　 object-oriented global optimization[J]. Journal of Canadian Petroleum Technology,2007,
　　　 46(3):39—45.

[64] 王培涛,杨天鸿,于庆磊,等. 基于离散裂隙网络模型的节理岩体渗透张量及特性分析[J].
　　　 岩土力学,2013,34(S2):448—455.

[65] 张春会,于永江,岳宏亮,等. 随机分布裂隙煤岩体模型及其应用[J]. 岩土力学,2010,
　　　 31(1):265—270.

[66] 薛毅,陈立萍. 统计建模与 R 软件[M]. 北京:清华大学出版社,2007:476—490.

[67] 马新仿,张士诚,郎兆新. 用分形理论研究孔隙结构的对数正态分布[J]. 新疆石油地质,
　　　 2004,25(4):418—419.

[68] Nokken M R,Hooton R D. Using pore parameters to estimate permeability or conductivity
　　　 of concrete [J]. Springer Science and Business Media Netherlands,2008,41(1):1—16.

[69] Wang A Y,Yan J L,Xu R N. Determination of the pore structural parameters of isoporous
　　　 resins by inverse GPC [J]. Journal of Applied Polymer Science,1992,44(6):959—964.

[70] 谢和平,薛秀谦. 分形应用中的数学基础与方法[M]. 北京:科学出版社,2005.

[71] 贺伟,钟孚勋,贺承祖,等. 储层岩石孔隙的分形结构研究和应用[J]. 天然气工业,2000,
　　　 20(2):67—70.

[72] 朱九成,郎兆新,张丽华,等. 砂岩孔隙结构分形模型及随机网络仿真[J]. 石油大学学报
　　　 (自然科学版),1995,19(6):46—50.

[73] 马新仿,张士诚,郎兆新. 储层岩石孔隙结构的分形研究[J]. 中国矿业,2003,12(9):
　　　 46—48.

第4章　孔隙岩石变形破坏力学机理的数值分析

岩石是一种天然的多孔材料,其内部包含着大量不规则、跨尺度的孔隙,这些孔隙直接影响着岩石的宏观物理、力学和化学性质,如强度、弹性模量、渗透性、电导率、波速、颗粒吸附力、岩石储层产能等。探明孔隙结构与岩石宏观物理力学性质之间的内在关系,对于解决石油、地质、采矿、冶金、土木和水利工程中的实际问题具有十分重要的意义。

人们已经开展了很多关于孔隙对岩石宏观物理力学性质影响的研究,Al-Harthi 等[1]利用图像分析技术研究了孔隙对玄武岩力学性能的影响,建立了玄武岩单轴抗压强度、弹性模量和泊松比与孔隙参数之间的定量关系;Talesnick 等[2]研究了高孔隙率白垩石的强度、各向异性与变形破坏特征;Hudyma 等[3]研究了多孔凝灰岩的力学性质,发现随孔隙率增大凝灰岩抗压强度和弹性模量都会降低;Gruescu 等[4]研究了含有部分饱和水孔隙岩石的有效热传导性问题;Smith 等[5]研究了低孔隙率低渗透性砂岩的性质,得出当孔隙率低于 8%～10%时,孔隙几何形状对砂岩弹性模量的影响比孔隙率更大;Clavaud 等[6]分析了不同岩石的孔隙几何结构对渗透率的各向异性的影响,发现砂岩渗透率的各向异性与砂岩固有的层理密切相关,而火山岩的渗透率的各向异性则与孔隙或者裂隙的方位有关。

目前的研究虽然在一定程度上揭示了岩石宏观物理力学等性质与孔隙结构之间的一些关系,但由于孔隙结构形态复杂且无序分布,再加上目前理论和试验手段的限制,人们还无法准确地描述岩石内部孔隙结构分布特征,并难以从理论上建立这些特征与岩石宏观性质之间的关系。孔隙岩石仍像一个"黑箱",人们更多关注的是各种表观物理、力学和化学过程经过这个"黑箱"后的变化,无法定量地解析诸如岩石孔隙连通性、毛细管压力、渗透系数变化、孔隙多相流与孔隙相互作用、浸透性质、孔壁应力分布等一系列对孔隙岩石表观性质起决定作用的内部机制。

4.1　孔隙率对岩石力学性能和变形破坏的影响

4.1.1　孔隙率对岩石变形破坏的影响

为了分析孔隙数量对岩石破坏力学行为的影响,基于孔隙三维重构模开展了了巴西圆盘劈裂破坏的数值试验,分别构建了四种孔隙率的巴西圆盘模型,如图 4.1 和图 4.2 所示[7]。

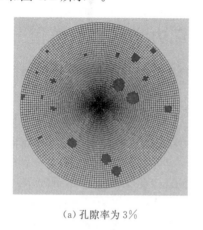 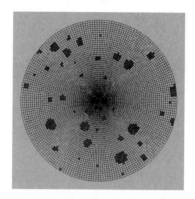

(a) 孔隙率为 3%　　　　　　　(b) 孔隙率为 7%

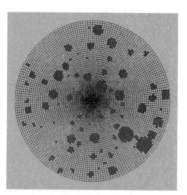 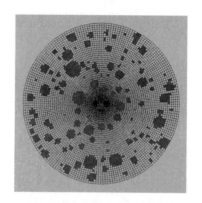

(c) 孔隙率为 15%　　　　　　(d) 孔隙率为 23%

图 4.1　孔隙圆盘模型二维图

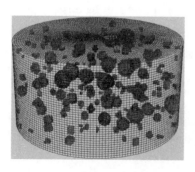 

(a) 孔隙率为 3%　　　　　　　(b) 孔隙率为 7%

(c) 孔隙率为 15%　　　　　　　　　　(d) 孔隙率为 23%

图 4.2　孔隙圆盘模型三维图

保持孔径分布控制参数不变和孔隙空间位置分布不变,只改变孔隙率的大小,进行巴西圆盘破裂数值模拟计算。孔隙个数(孔隙率)、孔径分布和孔隙空间位置分布参数详见本书第 2 章。圆盘模型材料赋予 Mohr-Coulomb 材料模型,选取的模型高为 25mm、直径为 50mm、剪切模量为 7GPa、体积模量为 26.9GPa、黏聚力为 27.2MPa 和内摩擦角为 30°。在模型两端施加相等的均布荷载。为了阐述和分析巴西圆盘破坏过程中孔隙率对破坏的影响,对于无孔和四种孔隙率的圆盘,分别选取 9 个不同加载时刻破坏过程的计算结果,按照每种孔隙率数值模型破坏时的峰值荷载,分别取峰值荷载的 10%、20%、30%、40%、50%、60%、70%、80% 和 100% 时的计算结果,即取荷载比作为采样控制参数,这样可以保证在相同的模型破坏程度上进行对比,研究不同孔隙率对圆盘破坏的影响[7,8]。为了能观察圆盘内部的破坏情况,首先沿着 xz 平面在 $y=0$ 处截取了圆盘中间平面截图,即平行于 xz 平面的内部截面。图 4.3~图 4.7 给出不同孔隙率模型 9 个加载时刻的 1/2 高度处横截面上的塑性破坏区分布图,图中从左到右、从上到下依次为峰值荷载的 10%、20%、30%、40%、50%、60%、70%、80% 和 100%。图 4.8~图 4.12 为对应时刻圆盘中间纵剖面的塑性破坏区分布图。

在峰值荷载的 5%~10% 的时候,即加载初期,在加载两端开始出现破坏,当孔隙率较低时,孔隙对破坏状态没有明显的影响,加载前期只有一条主裂缝分别出现在加载两端;当孔隙率为 7% 时,由于孔隙的增多,加载初期就产生了两条主裂缝,从加载两端沿着 x 轴方向圆盘中心扩张;当孔隙率增加到 15% 和 23% 时,随着孔隙的进一步增多,在加载两端出现了多条细小的裂缝,都集中在孔隙密集的地方,而没有了明显的主裂缝。随着荷载的增加,到峰值荷载的 40%~60% 时,加载两端的裂缝向圆盘中心延伸。对于无孔圆盘,裂缝沿着加载方向(即 x 轴方向)向圆盘中心延伸,近似一条直线;当孔隙率为 3% 时,主裂缝延伸至圆盘半径的一半

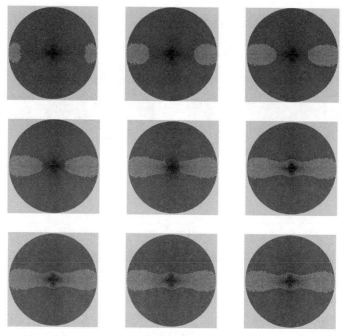

图 4.3　不同加载过程圆盘横截面塑性破坏区分布图(孔隙率为 0%)

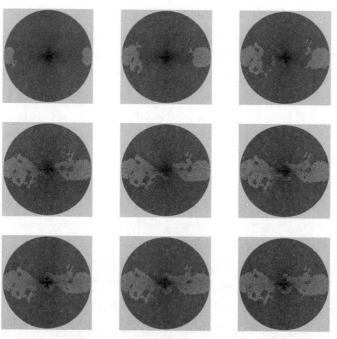

图 4.4　不同加载过程圆盘横截面塑性破坏区分布图(孔隙率为 3%)

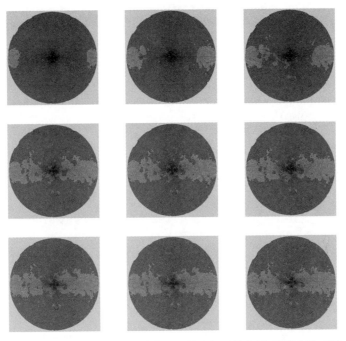

图 4.5 不同加载过程圆盘横截面塑性破坏区分布图(孔隙率为 7%)

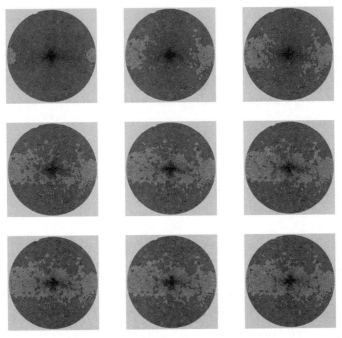

图 4.6 不同加载过程圆盘横截面塑性破坏区分布图(孔隙率为 15%)

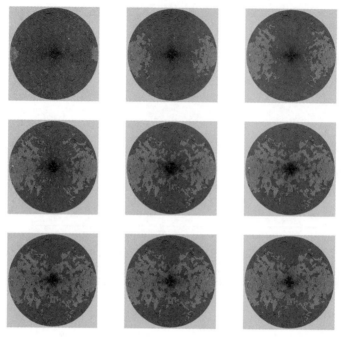

图 4.7　不同加载过程圆盘横截面塑性破坏区分布图(孔隙率为 23%)

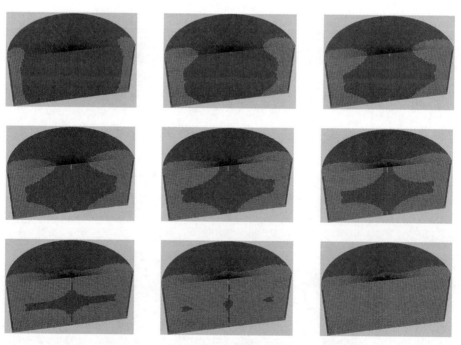

图 4.8　不同加载过程圆盘纵剖面塑性破坏区分布图(孔隙率为 0%)

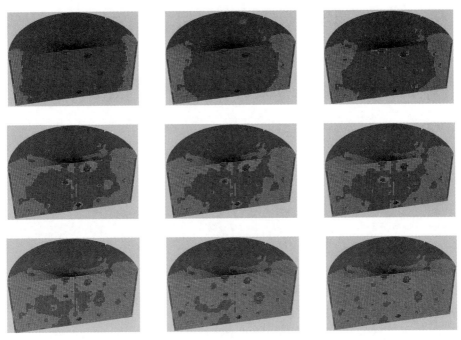

图 4.9　不同加载过程圆盘纵剖面塑性破坏区分布图(孔隙率为 3%)

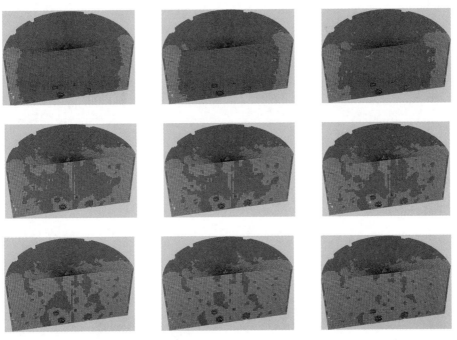

图 4.10　不同加载过程圆盘纵剖面塑性破坏区分布图(孔隙率为 7%)

图 4.11　不同加载过程圆盘纵剖面塑性破坏区分布图(孔隙率为 15%)

图 4.12　不同加载过程圆盘纵剖面塑性破坏区分布图(孔隙率为 23%)

时分为两条裂缝,仍平行于 x 轴;当孔隙率为 7% 时,两端的两条主裂缝扩展到圆盘半径的一半时,在圆盘的其他地方孔隙密集处出现了单个的细小裂缝;当孔隙率增加到 15% 和 23% 时,加载两端的细小裂缝逐渐向圆盘中心延伸,但并没有沿着 x 轴方向,而是朝着孔隙密集的地方蔓延,细小裂缝向圆盘中心扩展的同时在圆盘中心也出现了很多细小裂缝。当圆盘达到破坏时,即达到峰值荷载的 100% 的时候,孔隙率的大小对圆盘的最终破坏状态有很大的影响。无孔圆盘在最终破坏时,两端的主裂缝在圆盘中心汇合,最终形成一条中间稍宽两端稍窄、平行于 x 轴近似直线的主裂缝,贯穿整个圆盘;当孔隙率为 3% 时,向圆盘中心延伸的两条主裂缝在靠近圆盘中心的地方重新合并成一条主裂缝,最终仍是以一条近似直线的主裂缝贯穿圆盘;当孔隙率为 7% 时,圆盘中间单个的细小裂缝逐渐变大、变长,与两条主裂缝连通,最终形成贯穿圆盘的两条平行于 x 轴近似直线的主裂缝;当孔隙率增大到 15% 和 23% 时,众多的细小裂缝逐渐汇合,连通,贯穿整个圆盘,形成以众多细小裂缝为主的破坏状态。

　　从峰值荷载 100% 时的破坏图像可以看出,劈裂面完全贯通,但表面破坏区的范围有很大的区别,随着孔隙率的增加,塑性区和劈拉破坏区逐步偏离劈拉破坏区,破坏范围增大且发散,这体现出孔隙对劈拉破坏和应力重分布的影响。不同峰值荷载阶段圆盘破坏状态因为孔隙的影响,都有着很大的差别。从峰值荷载 40% 和 60% 时的破坏图可以看出,当孔隙率较小时,自由表面的裂缝向圆盘中间扩展较为迅速,而剖面上的裂缝扩展较为缓慢,形成了从表面向内部发展的连通破坏区,表面已经连通,内部还存在非破坏区,破坏区域沿着圆盘中心轴(y 轴)对称,对称两边呈现一种漏斗形状规则的破坏图形,靠近圆盘表面宽,靠近内部窄,同时破坏区域沿着 x 轴对称。但随着孔隙率的增大,除了靠近圆盘自由表面的连通区域之外,在剖面上孔隙密集的地方也出现了连通的区域,非破坏区出现在剖面中间孔隙较少或者没有孔隙的地方,没有了几何规则性。随着孔隙率的进一步增大,自由表面和纵剖面同时产生裂缝,没有了明显的从表面向内部发展的破坏形式,剖面上出现了大面积破坏,只存在中间小范围的非破坏区。从峰值荷载的 5% 和 20% 时的破坏状态图可以看出,在加载初期,孔隙对破坏状态的影响不是很大,孔隙率较低时沿着高度出现了平行于加载线的破坏区域。随着孔隙率的增加,加载初期破坏出现在孔隙密集的地方,而没有出现平行于加载线的破坏区。孔隙对破坏方式有着很大的影响,从峰值荷载 100% 时破坏图中可以看出孔隙率较低时的破坏主要以拉伸破坏为主,而孔隙率增加,破坏出现了拉伸和剪切破坏共同作用。

　　综上所述,孔隙的个数,即孔隙率对圆盘中间截面破坏方式有很大的影响,无孔和孔隙率较低时,破坏首先从加载端开始,逐渐向圆盘中间扩展,达到破坏时形成一条平行于 x 轴的主裂缝贯通圆盘,以拉伸破坏为主;随着孔隙率增大时,加载初期破坏同时出现在加载端和圆盘中间孔隙密集的地方,随着荷载的增大,各处的裂隙逐渐汇合,在达到破坏时,形成多条破坏裂缝,而没有了明显的主裂缝,并出现了拉伸破坏和剪切破坏共同作用。从圆盘纵剖面破坏分析可以看出,孔隙率对圆盘纵剖面一样有很大的影响,破坏裂缝首先出现在圆盘的加载端,沿着高度平行于加载线,随着荷载的增加,自由表面裂缝迅速扩展,内部裂缝扩展较为缓慢,形成由表面向内部发展的连通破坏区,无孔圆盘破坏区具有很好的对称性,只存在拉伸破坏。随着孔隙的增加,破坏区的对称性被逐渐消失,由单一的拉伸破坏变成拉伸和剪切共同作用的破坏形式。

4.1.2　孔隙率对岩石强度的影响

通过计算表明,保持孔隙在空间的分布和孔径分布不变的条件下,随着孔隙率的增加,圆盘的抗拉强度值随着降低,对于无孔圆盘,即孔隙率为0%时,计算出的抗拉强度为1.17MPa,这与选用材料的极限抗拉强度相同,与理论解比较也相吻合;当孔隙率为3%时,计算抗拉强度为1.059MPa;当孔隙率为7%时,计算抗拉强度为0.9359MPa;当孔隙率为15%时,计算抗拉强度为0.7069MPa;当孔隙率为23%时,计算抗拉强度为0.5517MPa。从计算结果中可以看出随着孔隙率的增大,抗拉强度明显的降低,降低的百分比分别为9%、11%、24%和21%,图4.13给出了不同孔隙率模型的抗拉强度。

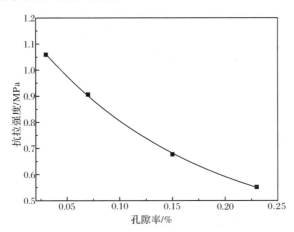

图4.13　圆盘抗拉强度随孔隙率的变化曲线

不同孔隙率圆盘的抗拉强度曲线呈指数递减的趋势,抗拉强度随孔隙率变化规律的拟合公式为[7]

$$\sigma_t = \sigma_0 \exp\left(-\frac{\rho_v}{A}\right) + B \tag{4.1}$$

式中，σ_t 为材料抗拉强度值；σ_0 为材料的极限抗拉强度（即基质的抗拉强度）；ρ_v 为孔隙率；A 和 B 为待定参数，取决于孔隙位置、孔隙形状、大小分布和孔隙间距分布等孔隙特征参数。

根据数值模拟的计算结果可以得到参数 A 和 B 的参考取值：$A = 0.283$、$B = 0.016$。这个取值是在保持孔隙位置、孔径大小等几何分布不变的情况下得到的，所以孔隙率与抗拉强度的关系公式中没有考虑孔隙特征参数变化的影响。为了准确地描述孔隙率与抗拉强度的关系，在公式里必须考虑这方面的影响，对参数取值进行适当的修改。

4.2　孔径对岩石力学性能和变形破坏的影响

4.2.1　孔径对岩石变形破坏的影响

除了孔隙数量外，孔径分布，即每一种孔径的孔隙数量，也可能影响孔隙介质或孔隙岩石的宏观力学性质，为了探查这种影响，采取了以下方式：保持孔隙率和孔隙在空间的分布规律不变，改变孔径分布控制函数中的控制参数，即式(2.2)中的参数 A、B 和 C 来生成具有相同分布规律但分布参数有所不同的孔隙模型。天然砂岩孔径分布的控制参数 S_0 的取值分别为 $A = 0.6832$、$B = 0.0988$ 和 $C = -0.0025$[7]。为了能够获得孔径分布的影响规律，分别又选取了如下三种控制参数：$S_1(A_1 = 0.7515$、$B_1 = 0.1087$、$C_1 = -0.00275)$、$S_2(A_2 = 0.6149$、$B_2 = 0.0889$、$C_2 = -0.00229)$ 和 $S_3(A_3 = 0.5466$、$B_3 = 0.0790$、$C_3 = -0.0020)$。图 4.14 给出了孔径及其相应的孔隙数量的分布曲线，表 4.1 列出了上述四种控制参数条件下模型所用孔隙孔径及对应的孔隙数量。

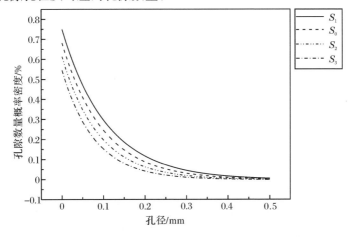

图 4.14　孔径和孔隙数量的分布

表 4.1　四种控制参数下模型孔隙孔径及孔隙数量

孔径/mm	孔隙率															
	3%				7%				15%				23%			
	S_1	S_0	S_2	S_3	S_1	S_0	S_2	S_3	S_1	S_0	S_2	S_3	S_1	S_0	S_2	S_3
0.5	106	136	186	285	248	308	434	664	532	681	931	1423	815	1045	1428	2182
0.75	37	82	105	149	156	190	245	349	334	408	526	747	512	626	807	1145
1	42	49	59	78	97	114	138	181	209	243	295	388	320	373	453	595
1.25	26	29	33	39	61	67	76	92	130	144	164	197	199	221	251	302
1.5	16	17	18	19	37	39	41	45	80	84	89	96	123	129	136	147
1.75	11	10	9	8	23	22	21	20	49	48	46	42	75	73	71	65
2	6	5	4	3	14	12	10	6	29	26	22	14	45	40	33	21
2.25	3	3	2	0	8	6	4	0	17	13	8	0	25	20	12	0
2.5	2	1	0	0	4	2	0	0	9	5	0	0	13	1	0	0

在孔隙率不变和孔隙数目沿周向均匀分布规律不变的条件下,随着控制参数值 $S_i(A_i,B_i,C_i)$ 逐渐减小,大孔隙数目逐渐减少,甚至是消失,被更多的小孔隙所代替,如表 4.1 所示,这体现出了孔径的变化。图 4.15～图 4.22 绘制出了控制参数 S_0、S_1、S_2 和 S_3 条件下所生成的孔隙圆盘模型,图中从左到右从上到下孔径分布控制参数分别为 S_1、S_0、S_2 和 S_3。直观上,不同控制参数 S_i 下孔隙圆盘模型十分相似。

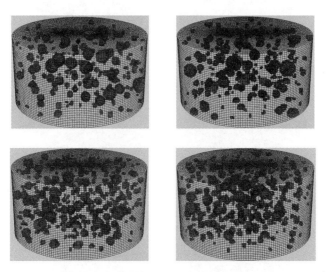

图 4.15　不同孔径分布控制参数下的孔隙圆盘模型(孔隙率为 3%)

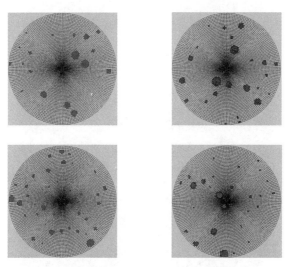

图 4.16　不同孔径分布控制参数下的孔隙圆盘模型横截面图(孔隙率为 3%)

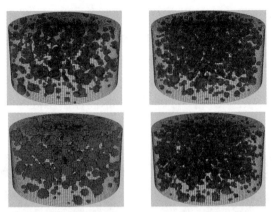

图 4.17　不同孔径分布控制参数下的孔隙圆盘模型(孔隙率为 7%)

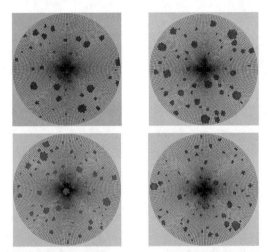

图 4.18　不同孔径分布控制参数下的孔隙圆盘模型横截面图(孔隙率为 7%)

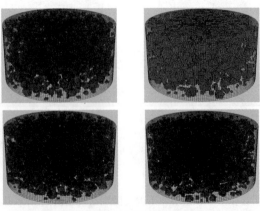

图 4.19　不同孔径分布控制参数下的孔隙圆盘模型(孔隙率为 15%)

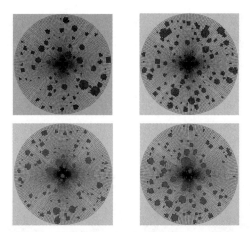

图 4.20　不同孔径分布控制参数下的孔隙圆盘模型横截面图(孔隙率为 15%)

图 4.21　不同孔径分布控制参数下的孔隙圆盘模型(孔隙率为 23%)

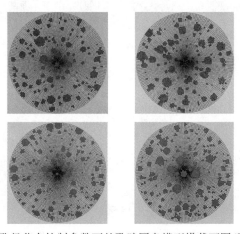

图 4.22　不同孔径分布控制参数下的孔隙圆盘模型横截面图(孔隙率为 23%)

基于上述孔隙圆盘模型，计算了 S_0、S_1、S_2 和 S_3 条件下四种孔隙率圆盘的应力分布状态以及渐进破坏过程。计算的加载时刻分别取劈裂破坏时峰值荷载的 5％、20％、40％、60％、80％和 100％。图 4.23～图 4.38 给出了四种孔隙率条件下孔径控制参数为 S_0、S_1、S_2 和 S_3 在 5 个加载时刻圆盘横截面塑性破坏区分布图，图中显示的是 1/2 厚度位置，图中从左到右从上到下依次表示峰值荷载的 5％、20％、40％、60％、80％和 100％。图 4.39～图 4.54 给出了对应工况下圆盘纵剖面塑性破坏区分布图。

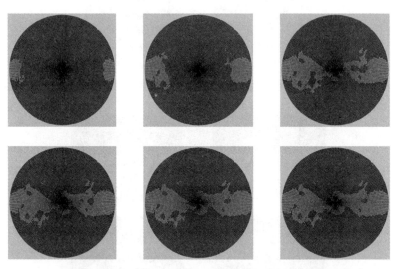

图 4.23 S_0 孔径控制参数圆盘不同加载时刻横截面塑性破坏区（孔隙率为 3％）

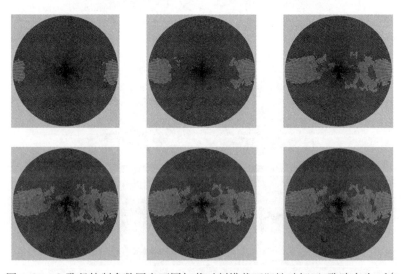

图 4.24 S_1 孔径控制参数圆盘不同加载时刻横截面塑性破坏区（孔隙率为 3％）

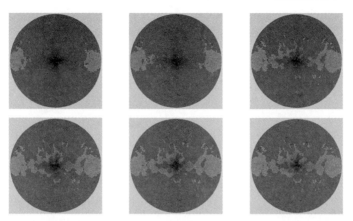

图 4.25　S_2 孔径控制参数圆盘不同加载时刻横截面塑性破坏区(孔隙率为 3%)

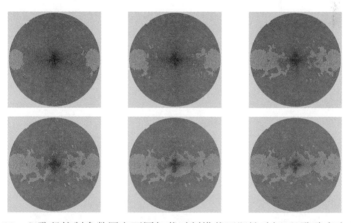

图 4.26　S_3 孔径控制参数圆盘不同加载时刻横截面塑性破坏区(孔隙率为 3%)

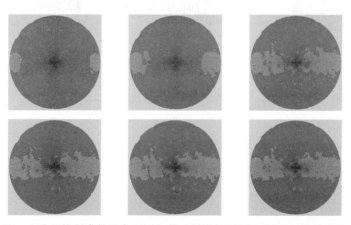

图 4.27　S_0 孔径控制参数圆盘不同加载时刻横截面塑性破坏区(孔隙率为 7%)

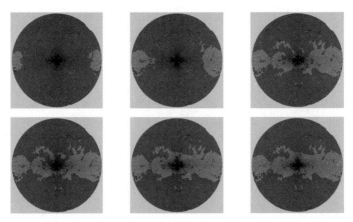

图 4.28　S_1孔径控制参数圆盘不同加载时刻横截面塑性破坏区(孔隙率为 7%)

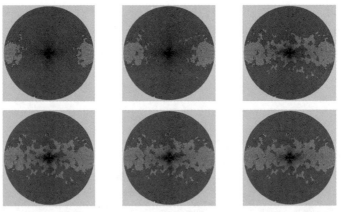

图 4.29　S_2孔径控制参数圆盘不同加载时刻横截面塑性破坏区(孔隙率为 7%)

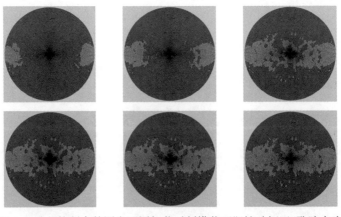

图 4.30　S_3孔径控制参数圆盘不同加载时刻横截面塑性破坏区(孔隙率为 7%)

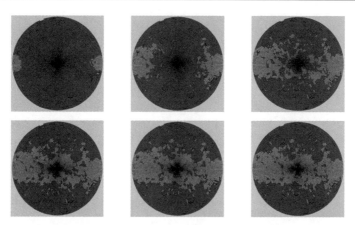

图 4.31　S_0 孔径控制参数圆盘不同加载时刻横截面塑性破坏区（孔隙率为 15%）

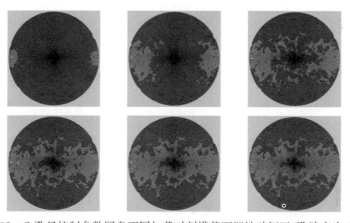

图 4.32　S_1 孔径控制参数圆盘不同加载时刻横截面塑性破坏区（孔隙率为 15%）

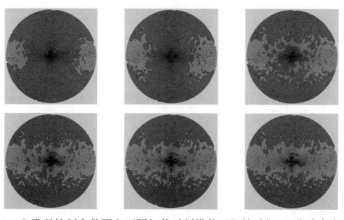

图 4.33　S_2 孔径控制参数圆盘不同加载时刻横截面塑性破坏区（孔隙率为 15%）

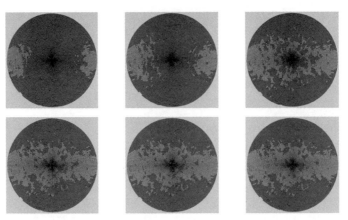

图 4.34 S_3 孔径控制参数圆盘不同加载时刻横截面塑性破坏区(孔隙率为 15%)

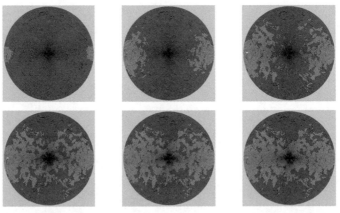

图 4.35 S_0 孔径控制参数圆盘不同加载时刻横截面塑性破坏区(孔隙率为 23%)

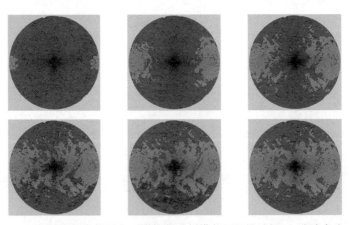

图 4.36 S_1 孔径控制参数圆盘不同加载时刻横截面塑性破坏区(孔隙率为 23%)

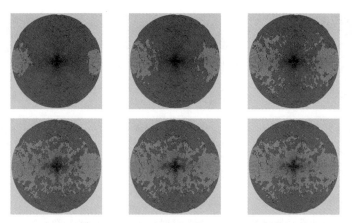

图 4.37　S_2孔径控制参数圆盘不同加载时刻横截面塑性破坏区(孔隙率为 23%)

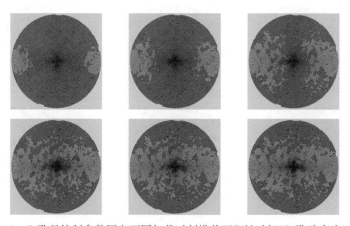

图 4.38　S_3孔径控制参数圆盘不同加载时刻横截面塑性破坏区(孔隙率为 23%)

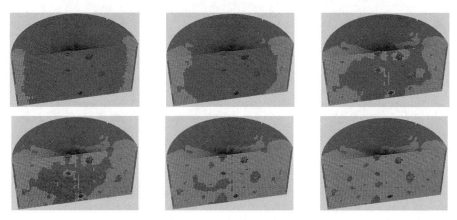

图 4.39　S_0孔径控制参数圆盘不同加载时刻纵剖面塑性破坏区(孔隙率为 3%)

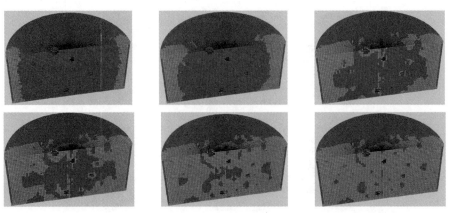

图 4.40　S_1 孔径控制参数圆盘不同加载时刻纵剖面塑性破坏区(孔隙率为 3%)

图 4.41　S_2 孔径控制参数圆盘不同加载时刻纵剖面塑性破坏区(孔隙率为 3%)

图 4.42　S_3 孔径控制参数圆盘不同加载时刻纵剖面塑性破坏区(孔隙率为 3%)

图 4.43　S_0 孔径控制参数圆盘不同加载时刻纵剖面塑性破坏区（孔隙率为 7%）

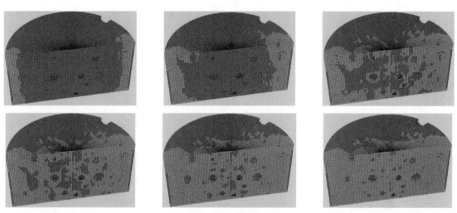

图 4.44　S_1 孔径控制参数圆盘不同加载时刻纵剖面塑性破坏区（孔隙率为 7%）

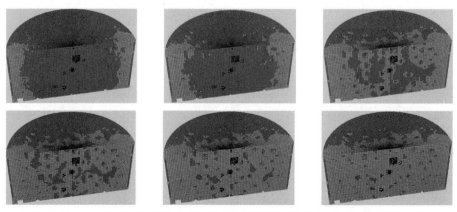

图 4.45　S_2 孔径控制参数圆盘不同加载时刻纵剖面塑性破坏区（孔隙率为 7%）

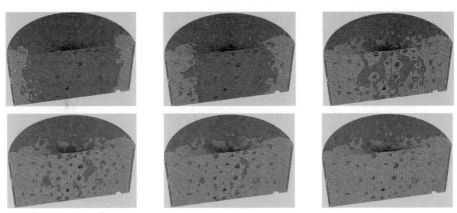

图 4.46　S_3孔径控制参数圆盘不同加载时刻纵剖面塑性破坏区(孔隙率为 7%)

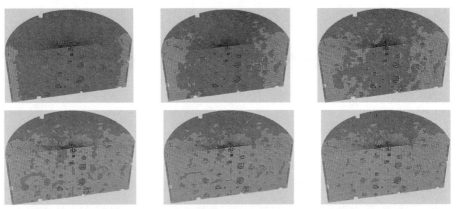

图 4.47　S_0孔径控制参数圆盘不同加载时刻纵剖面塑性破坏区(孔隙率为 15%)

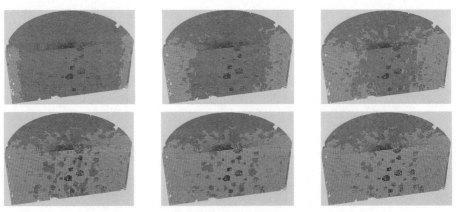

图 4.48　S_1孔径控制参数圆盘不同加载时刻纵剖面塑性破坏区(孔隙率为 15%)

图 4.49　S_2 孔径控制参数圆盘不同加载时刻纵剖面塑性破坏区(孔隙率为 15%)

图 4.50　S_3 孔径控制参数圆盘不同加载时刻纵剖面塑性破坏区(孔隙率为 15%)

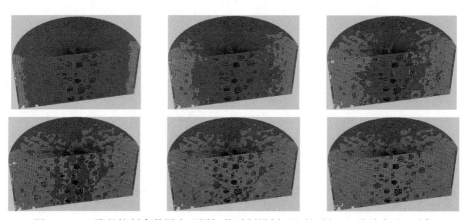

图 4.51　S_0 孔径控制参数圆盘不同加载时刻纵剖面塑性破坏区(孔隙率为 23%)

图 4.52　S_1 孔径控制参数圆盘不同加载时刻纵剖面塑性破坏区(孔隙率为 23%)

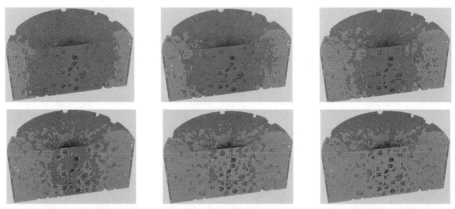

图 4.53　S_2 孔径控制参数圆盘不同加载时刻纵剖面塑性破坏区(孔隙率为 23%)

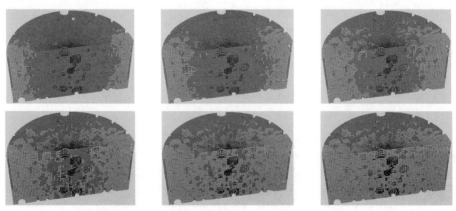

图 4.54　S_3 孔径控制参数圆盘不同加载时刻纵剖面塑性破坏区(孔隙率为 23%)

　　经分析发现,改变孔径分布的控制参数对圆盘破坏行为有一定的影响。在加载初期,即峰值荷载的 5%～20%,圆盘裂缝出现在加载两端,当孔隙率小于等于 7%时,加载初期裂缝只有一条近似直线的主裂缝,对于不同孔径分布参数的圆盘模型没有太大的变化。随着加载的增大,到了加载中期,即荷载峰值的 40%～60%,随着控制参数的减小,某些大孔逐渐被小孔所代替,孔隙趋于均匀化,导致圆盘模型破坏时由 1 条主裂缝变成 2～3 条主裂缝沿着加载方向(即 x 方向)逐渐向中心延伸。到了加载后期至破坏,即峰值荷载的 80%～100%,随着荷载的增加,两端的裂隙最后在中心处汇合,对于孔径控制参数较大的圆盘模型,达到最终破坏时只有 1～2 条主裂缝贯穿整个圆盘,而对于孔径控制参数较大的圆盘模型,在最终达到破坏时形成 2～3 条主裂缝在中心处交汇,形成了多条主裂缝贯穿圆盘的破坏形态。由此可见当孔隙率较小(小于等于 7%)时孔径分布控制参数的改变影响了圆盘模型破裂时主裂缝的数目。

　　当孔隙率大于等于 15%时,由于孔隙数目的增多,改变孔径分布控制参数对圆盘模型的破坏形态影响更为明显。在加载初期即在峰值荷载的 5%～20%,在加载两端就出现了多条细小的裂缝,大都集中在孔隙密集的地方,而没有了明显的主裂缝,随着孔径控制参数的增大,这种现象尤为明显。随着荷载的增加,到了峰值荷载的 40%～60%,众多细小裂缝逐渐向圆盘中心延伸,但没有沿着 x 方向,而是朝着孔隙密集的地方。同时在圆盘的中心也出现了许多细小裂缝,随着孔径控制参数圆盘的减小,细小裂缝的数目也增多,到达破坏时,两端的细小裂缝向圆盘内部延伸,圆盘中心的裂缝向外扩展,最终这些细小裂缝汇合,连通,贯穿整个圆盘,形成以众多细小裂缝为主的破坏状态。

　　孔径分布的改变对圆盘模型纵剖面中的破坏形态的影响主要体现在:随着孔径控制参数的减小,某些大孔逐渐消失,被孔径较为均一的小孔所代替,导致裂缝数的增多,到了峰值荷载中期,从自由表面向圆盘内部延伸的裂缝增加,即在每一个相同的加载阶段,孔径控制参数的减小导致破坏区域更加大,更加分散,当孔隙率较大时这种现象更加明显。

4.2.2　孔径对岩石抗拉强度的影响

　　图 4.55 给出了不同孔径分布条件下不同孔隙率模型的计算抗拉强度[7]。图 4.55 中横坐标 1、2、3 和 4 分别对应于 S_0、S_1、S_2 和 S_3 四种控制参数。

　　圆盘模型抗拉强度的变化与孔隙率有关。当孔隙率为 3%时,对应于四组参数 S_0、S_1、S_2 和 S_3 的抗拉强度分别为 1.011MPa、1.059MPa、1.092MPa 和 1.146MPa;当孔隙率为 7%时,四组不同参数模型的抗拉强度分别为 0.9013MPa、0.9359MPa、0.9742MPa 和 1.001MPa;当孔隙率为 15%时,四组不同参数模型的抗拉强度分别为 0.6812MPa、0.7069MPa、0.7249MPa 和 0.7596MPa;当孔隙率

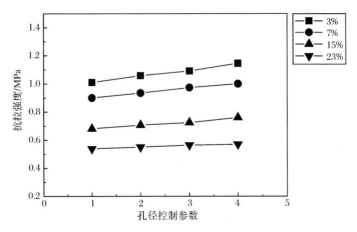

图 4.55　不同孔径控制参数圆盘的抗拉强度随孔隙率的变化曲线

为 23% 时,四组不同参数模型的抗拉强度分别为 0.5396MPa、0.5517MPa、0.5652MPa 和 0.5703MPa。结果表明:当孔隙率小于等于 7% 时,孔径控制参数的改变对圆盘模型的抗拉强度有较为明显的影响,而当孔隙率大于等于 15% 时,孔径控制参数对圆盘模型抗拉强度的影响基本可以忽略。分析其原因,作者认为,当孔隙率较大时,由于孔隙数目较多,改变孔径控制参数所带走的孔径变化不大,对抗拉强度的影响也不大;但当孔隙率较小时,孔径控制参数的变化对不同孔径的孔隙数量有较大的影响,因而抗拉强度变化较大。

4.3　孔隙空间位置对岩石力学性质和变形破坏的影响

4.3.1　孔隙空间位置对岩石变形破坏的影响

天然砂岩 CT 试验表明,孔隙数在空间上的分布服从均匀分布,考虑到孔隙的随机分布特征,保持孔隙率和孔径分布特征不变,利用随机数生成程序作不同次数的运算,来构造满足均匀分布规律、但孔隙位置不同的孔隙模型,以此来分析和探讨孔隙位置不同时对孔隙岩石应力状态和破坏行为的影响。图 4.56~图 4.59 绘制出了孔径分布特征为 S_0、孔隙位置发生变化的孔隙圆盘模型,每幅图中分别给出了三维模型以及 1/2 厚度处的横截面图,从左到右表示不同的孔隙空间位置。

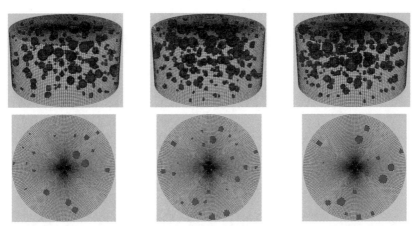

图 4.56　孔径分布特征 S_0 孔隙圆盘模型(孔隙率为 3%)

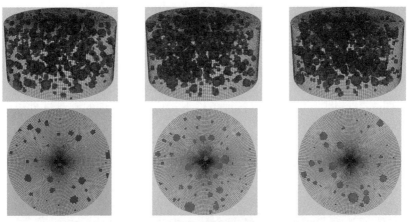

图 4.57　孔径分布特征 S_0 孔隙圆盘模型(孔隙率为 7%)

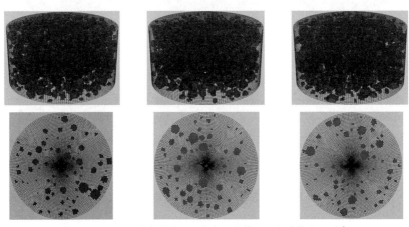

图 4.58　孔径分布特征 S_0 孔隙圆盘模型(孔隙率为 15%)

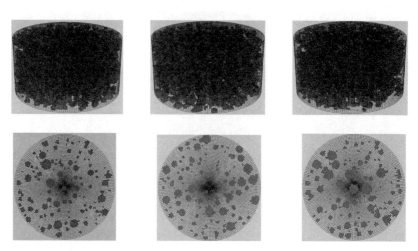

图 4.59　孔径分布特征 S_0 孔隙圆盘模型(孔隙率为 23%)

图 4.60～图 4.71 给出了四种孔隙率、孔径分布特征 S_0、三种不同孔隙位置时圆盘在不同加载时刻的塑性破坏区分布图,图示结果显示的是 1/2 圆盘厚度的横截面,图中从左至右、从上至下分别为峰值荷载的 5%、20%、40%、60%、8% 和 100%。图 4.72～图 4.83 为上述各种条件下对应荷载时刻的圆盘试件纵剖面塑性破坏区分布图的三维视图[7]。

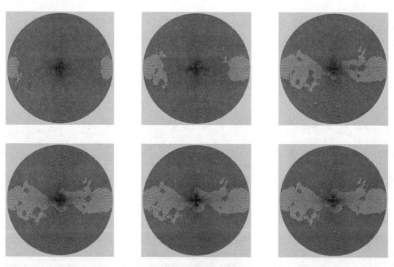

图 4.60　孔隙率为 3%、孔径分布特征 S_0 塑性破坏区
横截面分布图(孔隙位置变化 1 次)

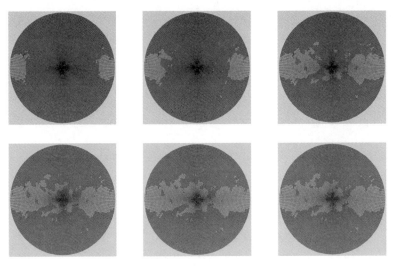

图 4.61　孔隙率为 3%、孔径分布特征 S_0 塑性破坏区
横截面分布图(孔隙位置变化 2 次)

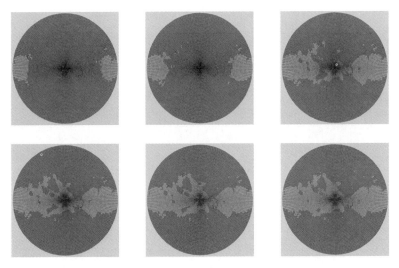

图 4.62　孔隙率为 3%、孔径分布特征 S_0 塑性破坏区
横截面分布图(孔隙位置变化 3 次)

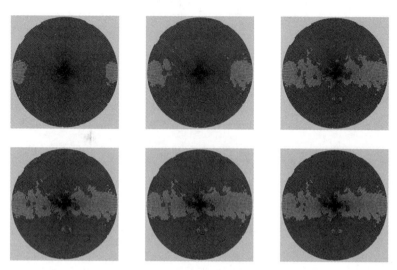

图 4.63　孔隙率为 7%、孔径分布特征 S_0 塑性破坏区
横截面分布图（孔隙位置变化 1 次）

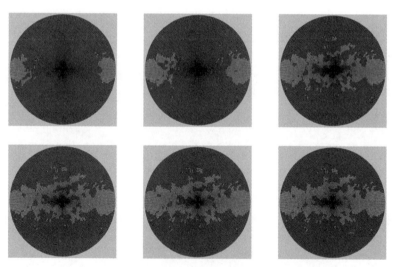

图 4.64　孔隙率为 7%、孔径分布特征 S_0 塑性破坏区
横截面分布图（孔隙位置变化 2 次）

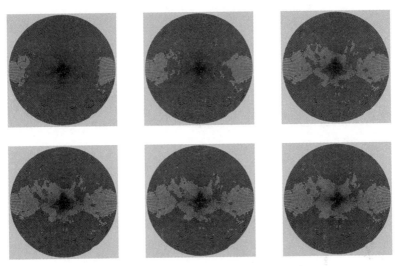

图 4.65　孔隙率为 7%、孔径分布特征 S_0 塑性破坏区
横截面分布图(孔隙位置变化 3 次)

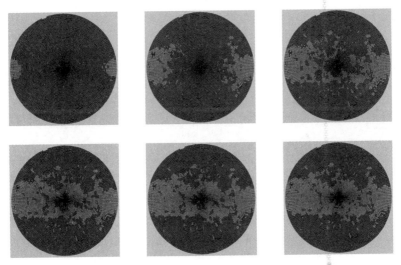

图 4.66　孔隙率为 15%、孔径分布特征 S_0 塑性破坏区
横截面分布图(孔隙位置变化 1 次)

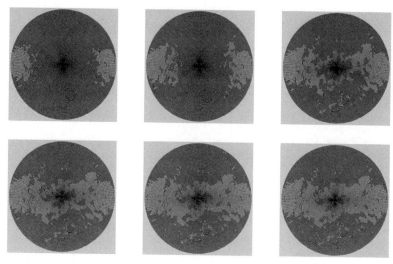

图 4.67 孔隙率为 15%、孔径分布特征 S_0 塑性破坏区
横截面分布图(孔隙位置变化 2 次)

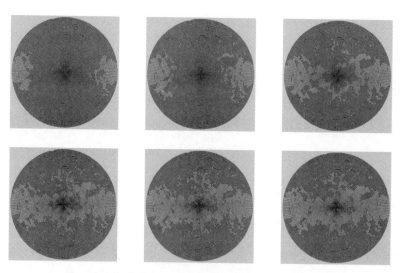

图 4.68 孔隙率为 15%、孔径分布特征 S_0 塑性破坏区
横截面分布图(孔隙位置变化 3 次)

图 4.69　孔隙率为 23%、孔径分布特征 S_0 塑性破坏区
横截面分布图(孔隙位置变化 1 次)

图 4.70　孔隙率为 23%、孔径分布特征 S_0 塑性破坏区
横截面分布图(孔隙位置变化 2 次)

图 4.71　孔隙率为 23%、孔径分布特征 S_0 塑性破坏区横截面分布图(孔隙位置变化 3 次)

图 4.72　孔隙率为 3%、孔径分布特征 S_0 塑性破坏区纵剖面分布图(孔隙位置变化 1 次)

图 4.73　孔隙率为 3%、孔径分布特征 S_0 塑性破坏区纵剖面分布图(孔隙位置变化 2 次)

图 4.74　孔隙率为 3%、孔径分布特征 S_0 塑性破坏区
纵剖面分布图(孔隙位置变化 3 次)

图 4.75　孔隙率为 7%、孔径分布特征 S_0 塑性破坏区
纵剖面分布图(孔隙位置变化 1 次)

图 4.76　孔隙率为 7%、孔径分布特征 S_0 塑性破坏区
纵剖面分布图(孔隙位置变化 2 次)

图 4.77　孔隙率为 7%、孔径分布特征 S_0 塑性破坏区
纵剖面分布图(孔隙位置变化 3 次)

图 4.78　孔隙率为 15%、孔径分布特征 S_0 塑性破坏区
纵剖面分布图(孔隙位置变化 1 次)

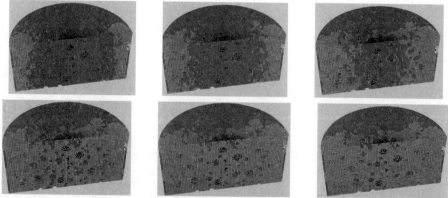

图 4.79　孔隙率为 15%、孔径分布特征 S_0 塑性破坏区
纵剖面分布图(孔隙位置变化 2 次)

图 4.80　孔隙率为 15%、孔径分布特征 S_0 塑性破坏区
纵剖面分布图(孔隙位置变化 3 次)

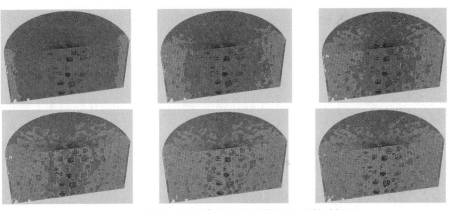

图 4.81　孔隙率为 23%、孔径分布特征 S_0 塑性破坏区
纵剖面分布图(孔隙位置变化 1 次)

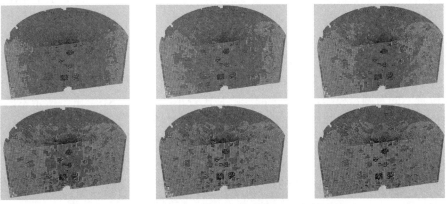

图 4.82　孔隙率为 23%、孔径分布特征 S_0 塑性破坏区
纵剖面分布图(孔隙位置变化 2 次)

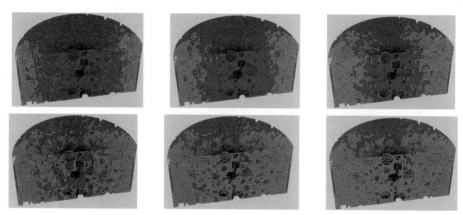

图 4.83　孔隙率为 23％、孔径分布特征 S_0 塑性破坏区
纵剖面分布图（孔隙位置变化 3 次）

保持孔隙率和孔径分布特征不变,改变孔隙位置,对于圆盘破坏的影响主要体现在裂缝产生的位置上。无论在圆盘中间截面,还是在圆盘的纵剖面上,改变孔隙位置并没有影响圆盘的破裂方式和裂缝的数目,从加载开始经过加载中期直到圆盘破坏,圆盘模型都是从表面开始破裂,然后向圆盘中心和内部延伸,形成从表面向内部发展的破裂方式。对于低孔隙率,例如 3％ 和 7％,在纵剖面上都存在着对称破坏区,破坏时形成一到两条主裂缝,破坏主要以拉伸破坏为主;对于高孔隙率例如 15％ 和 23％,破坏裂缝都聚集在孔隙密集的地方,并出现多条细小裂缝,而没有明显的主裂缝,破坏时出现了剪切和拉伸破坏共同作用的现象。

4.3.2　孔隙位置对岩石抗拉强度的影响

在保持孔隙率不变和孔径分布特征 S_0 的条件下,经过计算得知,当孔隙率为 3％ 时,三次不同孔隙位置的圆盘模型的抗拉强度分别为 1.059MPa、1.114MPa、1.059MPa;当孔隙率为 7％ 时,抗拉强度分别为 0.9359MPa、0.9246MPa、0.979MPa;当孔隙率为 15％ 时,抗拉强度分别为 0.7069MPa、0.7302MPa、0.7143MPa;当孔隙率为 23％ 时,抗拉强度分别为 0.5517MPa、0.5243MPa、0.5353MPa。计算结果表明,在保持孔隙率不变和孔径分布特征 S_0 的条件下,孔隙位置不同对圆盘模型抗拉强度的影响是比较小的。图 4.84 绘出了所示不同孔隙位置圆盘模型的抗拉强度变化曲线图[7]。

保持孔隙率和孔径分布参数不变,三组不同的孔隙位置分布圆盘的抗拉强度的变化曲线基本是一条直线,对于孔隙率为 3％ 时,它们之间的最大差距为 5％;对于孔隙率为 7％ 时,它们之间的最大差距为 5.9％;对于孔隙率为 15％ 时,它们之间的最大差距为 3.3％;对于孔隙率为 23％ 时,它们之间的最大差距为 5.2％。无论孔隙率是大还是小,不同孔隙位置分布圆盘的抗拉强度最大差距都不到 6％。

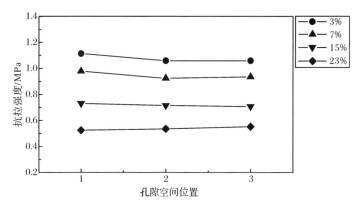

图 4.84　不同孔隙位置圆盘模型的抗拉强度曲线

表明在控制分布函数不变的前提下,孔隙空间位置的随机变化对孔隙介质的抗拉强度没有显著的影响。

4.4　孔隙对岩石应力场分布特征的影响

4.4.1　应力场的理论解

为了分析孔隙对岩石变形破坏是内部应力场的影响,根据弹性力学圆盘劈拉应力的理论公式求解了无孔圆盘劈裂是内部应力 σ_y 的理论解[8],将数值解和理论解进行比较,分析了孔隙率对应力分布大小的影响,进一步揭示孔隙率对岩石裂缝扩展行为的影响规律。分析巴西圆盘破坏时,弹性力学理论假设材料是均匀连续,没有孔隙,圆盘表面中任一点 A 的应力解析解为

$$\sigma_x = \frac{2P}{\pi}\left(\frac{\cos\theta_1\,\sin^2\theta_1}{r_1} + \frac{\cos\theta_2\,\sin^2\theta_2}{r_2} - \frac{1}{D}\right) \tag{4.2}$$

$$\sigma_y = \frac{2P}{\pi}\left(\frac{\cos^3\theta_1}{r_1} + \frac{\cos^3\theta_2}{r_2} - \frac{1}{D}\right) \tag{4.3}$$

$$\tau_{xy} = \frac{2P}{\pi}\left(\frac{\cos^2\theta_1\sin\theta_1}{r_1} + \frac{\cos^2\theta_2\sin\theta_2}{r_2}\right) \tag{4.4}$$

式中,σ_x、σ_y 和 τ_{xy} 为 x 和 y 两个方向的正应力和剪应力,其中压应力为正、拉应力为负;D 为圆盘厚度;其余变量的物理含义如图 4.85 所示。

选取的材料参数和前面数值模型材料参数一样,通过编程计算可以得知巴西圆盘应力分布情况,如图 4.86 和图 4.87 所示,孔隙率分别为 0%、3%、7%、15% 和 23%。

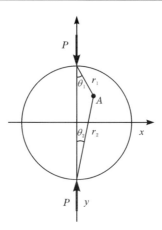

图 4.85　圆盘试样受力示意图

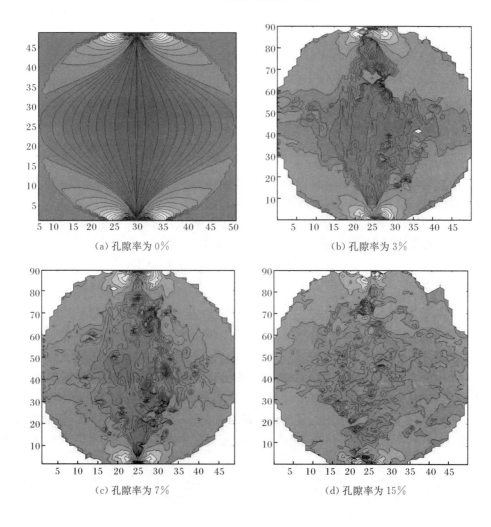

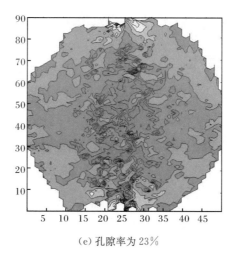

(e) 孔隙率为 23%

图 4.86　不同孔隙率圆盘的应力分布云图

无孔圆盘正应力 σ_y 在沿圆盘加载直径具有很好的对称性,在对称轴上出现了最大拉应力值,且沿着对称轴方向大小不变(除加载两端附近),其值为 1.17MPa,和选取的计算材料的抗拉强度值相等,在中间对称轴上的最大拉应力值即为材料的抗拉强度值。对于孔隙圆盘,孔隙严重地影响了孔隙圆盘正应力 σ_y 的分布特征。随着孔隙率的增大,沿加载直径的对称性开始减弱,孔隙率增加到 15% 以上,正应力分布已没有了对称性,最大拉应力值出现的区域随着应力分布对称性的消失,逐渐偏离了对称轴,出现在孔隙密集的地方,当孔隙率为 3% 时,最大拉应力为1.059MPa;当孔隙率为 7% 时,最大拉应力为 0.9359MPa;当孔隙率为 15% 时,

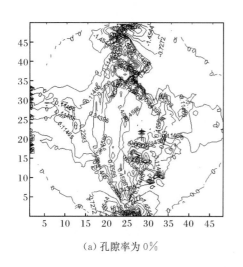

(a) 孔隙率为 0%

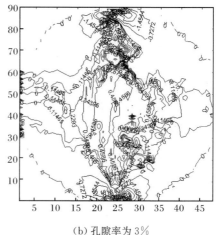

(b) 孔隙率为 3%

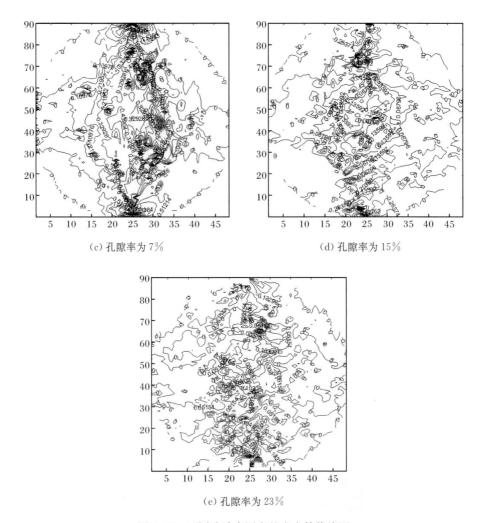

(c) 孔隙率为 7%　　　　　　　　(d) 孔隙率为 15%

(e) 孔隙率为 23%

图 4.87　不同孔隙率圆盘的应力等值线图

最大拉应力为 0.7069MPa；当孔隙率为 23% 时，最大拉应力为 0.5517MPa。相比无孔圆盘的最大拉应力，随着孔隙率的增大，最大拉应力减小的百分比分别为 9.49%、19.7%、39.58% 和 52.85%，进行数值拟合可以得知，随孔隙率的增加，最大拉应力呈指数递减趋势，图 4.88 给出了拟合曲线，拟合公式的具体表达式为[7]

$$\sigma = a\exp\left(-\frac{\rho}{b}\right) + c \tag{4.5}$$

式中，ρ 为孔隙率；a、b 和 c 为待定参数，根据计算所得的结果，建议参考值 $a = 1.15$、$b = 29.74$ 和 $c = 0.016$。

　　综上所述，由于孔隙的存在，改变了圆盘最大拉应力的大小和分布区域，导致

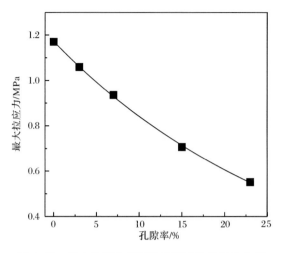

图 4.88　最大拉应力值随孔隙率变化的拟合曲线

孔隙圆盘的破坏随着孔隙率的增加形式从单一劈拉破坏转变为劈拉和剪切破坏共存,破坏裂缝由一条主裂缝变成了多条裂缝。

4.4.2　应力场的数值解

为对比分析劈裂破坏过程中孔隙率对圆盘应力分布状态的影响,根据不同孔隙率圆盘破坏时的峰值荷载(峰值荷载为进入塑性屈服的单元贯通整个模型时所施加的最大荷载),利用荷载比作为采样控制参数,分别提取了荷载达到峰值荷载的 5%、30%、50%、70% 和 100% 时的计算结果。图 4.89～图 4.93 给出了五种孔隙率下圆盘模型劈裂破坏过程中五个不同加载时刻的横截面应力分布图。在劈裂试验中引起岩石劈裂破坏的主要应力因素是垂直于加载方向的应力,因此图中给出的是沿着 y 方向(圆盘横截面上加载方向为 x 方向)正应力 σ_y 的分布图,图中从左至右为不同荷载阶段,即峰值荷载的 5%、50% 和 100%。

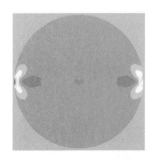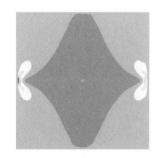

图 4.89　劈裂破坏过程圆盘横截面沿 y 方向的正应力 σ_y(孔隙率为 0%)

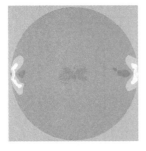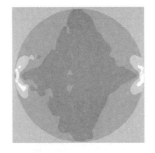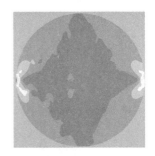

图 4.90　劈裂破坏过程圆盘横截面沿 y 方向的正应力 σ_y（孔隙率为 3%）

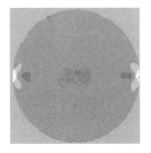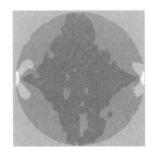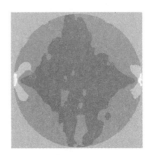

图 4.91　劈裂破坏过程圆盘横截面沿 y 方向的正应力 σ_y（孔隙率为 7%）

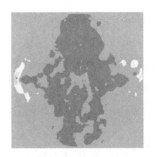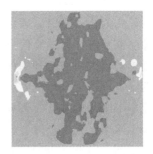

图 4.92　劈裂破坏过程圆盘横截面沿 y 方向的正应力 σ_y（孔隙率为 15%）

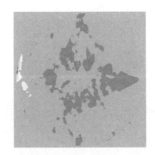

图 4.93　劈裂破坏过程圆盘横截面沿 y 方向的正应力 σ_y（孔隙率为 23%）

从应力计算结果可以得到：

（1）对于无孔圆盘，即当孔隙率为 0％时，在加载初期（峰值荷载的 5％），除了加载两端附近出现小范围的拉应力区之外，圆盘整个横截面上的 y 方向正应力 σ_y 均为压应力。两个小范围拉应力区呈"锥形"沿圆盘 y 方向的直径左右对称分布；当荷载增加到峰值荷载的 30％时，拉应力和压应力分布区域出现了明显的变化。拉应力区开始占据了圆盘横截面的中心大部分区域，并呈现"花苞"形状，且沿着圆盘 x 方向（即加载方向）的直径上下对称分布，而压应力仅出现在加载两端附近及圆盘的四个角上。拉应力和压应力的这种分布特征一直持续到峰值荷载的 100％，即圆盘发生劈裂破坏。从上述分析结果可知，对于无孔圆盘，从峰值荷载的 30％开始一直到峰值荷载，拉应力始终占据了圆盘中心的大部分区域，沿着圆盘 x 方向的直径具有很好的对称性。

（2）当孔隙率为 3％和 7％时，圆盘横截面的 y 方向正应力 σ_y 的分布特征和无孔圆盘相比有明显的差异。在加载初期（峰值荷载的 5％），拉应力仍出现在加载两端附近的小范围区域，和无孔圆盘相比，由于孔隙的影响，分布区域形状的对称性减弱，同时在圆盘中心点也出现了微小的拉应力区，除此之外，其他区域都处于压应力状态。当荷载达到峰值荷载的 30％时，和无孔圆盘相比，拉应力区没有占据圆盘横截面的大部分区域，而是主要集中在沿 x 方向的直径两边，而压应力仍占据了圆盘的大部分区域。当荷载达到峰值荷载的 50％，拉应力区开始占据了圆盘横截面的大部分区域，由于孔隙的影响，沿 x 方向直径的对称性有所减弱，但仍有类似"花苞"形状的分布特性，压应力出现在加载两端附近及圆盘的四角上。当荷载继续增加直至破坏，拉应力和压应力的分布特性没有太大的变化，拉应力仍沿加载方向（x 方向）近似对称的分布于圆盘中心的大部分区域，分布区域呈现类似"花苞"的形状，压应力仅出现在加载两端附近及圆盘的四角上。

（3）当孔隙率增加为 15％和 23％时，和低孔隙率圆盘相比，由于孔隙数量的增加，圆盘横截面的 y 方向正应力 σ_y 的分布特征有了明显的差异。在加载初期，加载两端附近没有出现拉应力，圆盘中心出现的拉应力区明显增大，同时在圆盘边缘处也出现了拉应力区，其他区域则为压应力区。当荷载达到峰值荷载的 30％时，圆盘中心和四周边缘处的拉应力区消失，在低孔隙率圆盘中沿 x 方向的直径两边曾出现的拉应力区域的面积随着孔隙率的增加而减小，当孔隙率为 23％时仅剩下两个很小的拉应力区出现在加载直径两边。当荷载增加到 50％时，对于孔隙率 15％的圆盘，拉应力开始占据了圆盘大部分区域，但在拉应力区的内部仍存在一些压应力区，即拉应力区和压应力区相互交错分布，拉应力区已经没有了对称性和"花苞"形状的分布特征；而对于孔隙率 23％的圆盘，拉应力区分布则仍然很小，压应力仍占据着圆盘的大部分区域。直至达到峰值荷载，对于孔隙率 23％的圆盘，拉应力只将近占到了圆盘横截面面积的一半，相比其他孔隙率圆盘的拉应力区明显减小,拉应力区的分布完全没有了对称性和"花苞"形状,压应力区和拉应力区相互交错分布的现象更为明显。

由上述分析可知,孔隙对圆盘劈裂破坏时的应力分布特征有显著的影响,不同孔隙率圆盘的拉应力和压应力分布区域和形状有明显差异。无孔圆盘从加载开始一直到劈裂破坏,拉应力占据了圆盘中心的大部分区域,并呈现"花苞"分布形状,且沿圆盘 x 方向直径(与加载方向一致)对称分布,而压应力只出现在加载两端和圆盘四角的小范围区域。圆盘最终破坏是由拉应力引起的劈拉破坏,且一条劈裂主裂缝位于圆盘中间直径上,与 x 方向一致。对于孔隙圆盘,由于孔隙的存在改变了应力的分布特征,在峰值荷载时的拉应力区随着孔隙率的增加逐渐减小,压应力区则逐渐增大,拉应力区分布的对称性逐渐减弱,并开始呈现一种拉应力区和压应力区相互交错的分布形态,孔隙率越大,这种现象越明显。当孔隙率较低时,圆盘达到破坏时拉应力起主导作用,主要以劈拉破坏为主,但劈裂主裂缝开始偏离中间的对称轴,并出现了多条微裂缝。当孔隙率超过 15% 时,拉应力和压应力几乎占据同样大小的区域,圆盘最终破坏时出现了劈拉破坏和剪切破坏共同作用的破坏特征,没有了主裂缝,而是出现了多条劈裂裂缝。

4.5 本 章 小 结

本章详细介绍了三维孔隙模型巴西圆盘劈裂试验的数值模拟,分析了孔隙参数如孔隙位置、孔径大小、孔隙个数等对圆盘内部应力分布,破坏状态以及抗拉强度等力学性能的影响。孔隙率严重地影响孔隙圆盘模型的破坏状态、应力分布以及抗拉强度。当孔隙率较低时,破坏时形成一条平行于 x 轴的主裂缝贯通圆盘,以拉伸破坏为主;随着孔隙率增大时,破坏时形成多条破坏裂缝,而没有了明显的主裂缝,并出现了拉伸破坏和剪切破坏共同作用。随着孔隙率的增大,圆盘模型的抗拉强度呈现指数递减的趋势。孔径分布对圆盘模型破坏形态的影响主要体现在,随着孔径控制参数的减小,某些大孔逐渐消失,被孔径较为均一的小孔所代替,当孔隙率较小时,圆盘模型破坏时的主裂缝由 1 条变为 2~3 条裂缝数的增多;当孔隙率增大时,出现了众多的细小裂缝,控制参数小的圆盘细小裂缝更多。孔径对圆盘模型抗拉强度有一定的影响,但当孔隙率大于等于 15% 时,孔径对圆盘模型抗拉强度的影响基本可以忽略。孔隙位置对岩石变形破坏和抗拉强度没有太大的影响。

参 考 文 献

[1] Al-Harthi A A, Al-amri R M, Shehata W M. The porosity and engineering properties of

vesicular basalt in Saudi Arabia [J]. Engineering Geology,1999,54(3-4):313—320.

[2] Talesnick M L,Hatzor Y H,Tsesarsky M. The elastic deformability and strength of a high porosity,anisotropic chalk [J]. International Journal of Rock Mechanics and Mining Sciences,2001,38(4):543—555.

[3] Hudyma N,Avar B B,Karakouzian M. Compressive strength and failure modes of lithophysae-rich Topopah Spring tuff specimens and analog models containing cavities [J]. Engineering Geology,2004,73(1-2):179—190.

[4] Gruescu C,Giraud A,Homand F,et al. Effective thermal conductivity of partially saturated porous rocks [J]. International Journal of Solids and Structures,2007,44(3-4):811—833.

[5] Smith T M,Sayers C M,Sondergeld C H. Rock properties in low-porosity/low-permeability sandstones [J]. Society of Exploration Geophysicists,2009,28(1):48—59.

[6] Clavaud J B,Maineult A,Zamora M. Permeability anisotropy and its relations with porous medium structure[J]. Journal of Geophysical Research(Part B),2008,113(B1):1202—1212.

[7] 杨永明,鞠杨,刘红彬,等. 孔隙结构特征及其对岩石力学性能的影响[J]. 岩石力学与工程学报,2009,28(10):2031—2038.

[8] Мусхелишьили Н И. 赵惠元译. 数学弹性力学的几个基本问题[M]. 北京:科学出版社,1958:249—251.

第5章　孔隙岩石物理模型劈裂破坏 CT 扫描试验

5.1　CT 加载装置

为了观察加载条件下孔隙圆盘模型的破坏特征以及内部孔隙结构的演化,研制了一套 CT 加载装置,实现了巴西圆盘劈裂时的 CT 在线扫描。下面首先对加载装置的工作原理作一个简单的介绍。

加载装置主要分为三部分:加载套筒、压力传感器和智能显示控制仪。加载套筒用来放置试件并进行加载,它采用环氧树脂材料制成,目的是为了减小对试件 CT 图像的影响;压力传感器用来测量试件上所施加的力;智能显示控制仪主要用来读取试件上所施加的力的值。图 5.1 给出了加载装置的设计图,图 5.2 为加载装置实物照片。

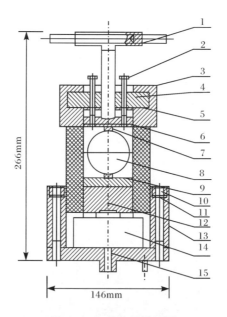

图 5.1　加载装置设计图

1.手柄;2.M8 螺栓;3.上端盖;4.螺纹盖;5.套筒;6.上压头;7.压条;
8.试件;9.垫块;10.M10 内六角螺栓;11.M10 弹性垫圈;12.下压头;
13.支座;14.压力传感器;15.底座

图 5.2　CT 加载装置实物照片

　　加载装置的工作原理是：在加载套筒里有两个圆盘形的垫片，将试件放在两个垫片中间，放在加载套筒里，下面的垫片放在压力传感器上面，上面的垫片和套筒顶端的螺纹杆相接触。加载时，利用加载套筒上面的螺纹杆圆盘两边的把手进行旋转，随着螺纹杆圆盘的旋转，螺纹杆会顺着套筒向下移动，由于螺纹杆和上面的垫片相接触，这样就带动着上面的垫片向下移动，从而实现试件的加载。如果在试件上施加了力，通过压力传感器可以测量出该值，由于压力传感器和智能显示控制仪相连，在智能显示控制仪上即可读取该值，通过显示控制仪可以控制在试件上所施加的力的大小。

　　加载的同时要进行 CT 扫描试验，必须将加载装置放在 CT 上。为此，在加载装置的底盘上设置了 2 个插销，连接 CT 转台。这样每次放在 CT 上面的加载装置的位置保持不变，即试件在 CT 转动台上的初始位置不变，保证了不同加载阶段的 CT 扫描图的相对位置是一致的。

5.2　孔隙岩石物理模型制备及力学性能

5.2.1　孔隙岩石物理模型制备

　　为了模拟孔隙岩石，采用水泥砂浆和聚苯乙烯（polystyrene）颗粒分别来模拟岩石的固相介质和孔隙部分。水泥砂浆具有取料方便，易加工，材料力学性能和岩石相似等特性；聚苯乙烯颗粒具有一定的形状，质量轻、强度低、内有空气层，与实际孔隙相的物理力学性质相近。两种材料的力学性质分别分析如下。

　　配制水泥砂浆时，为了满足与天然砂岩具有相同或相近力学性能的要求，需要寻找一个合适的水灰比和减水剂用量。如果水灰比太大,由于聚苯乙烯颗粒质量很轻,在制作模型时,聚苯乙烯颗粒很容易聚集到一起,从而无法形成满足孔隙分布特征要求的孔隙模型;如果水灰比太小,会使模型试件中含有大量的空气,样品的均匀程度和致密程度无法达到要求。水泥砂浆的主要成分有:水泥、石英砂、水、减水剂等,具体配比如表 5.1 所示[1]。

表 5.1　孔隙岩石物理模型材料配比

水灰比	水泥/kg	石英砂/kg	减水剂/mL	水/mL
0.12	0.21	0.21	5.36	40.83

为了模拟实际砂岩中具有不同尺寸的孔隙,对聚苯乙烯颗粒进行了筛分,所选取的聚苯乙烯颗粒按照平均直径大小分为 6 个等级,依次为 1.8mm、2.3mm、2.6mm、3.3mm、4mm 和 5.2mm,如图 5.3 所示。

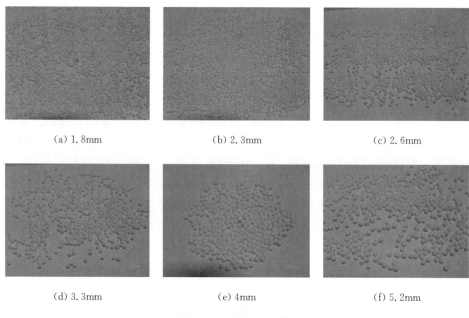

(a) 1.8mm　　　　　　　　(b) 2.3mm　　　　　　　　(c) 2.6mm

(d) 3.3mm　　　　　　　　(e) 4mm　　　　　　　　(f) 5.2mm

图 5.3　聚苯乙烯颗粒

制作孔隙岩石物理模型时,先按照配比称好水泥和石英砂,放入搅拌机里,搅拌 3min 至均匀,然后将聚苯乙烯颗粒放入水泥和石英砂的混合物中搅拌 2min。再将水和减水剂用料的一半放入混合物中,在搅拌机中搅拌 2min,再将剩余的水和另一半的减水剂放入,搅拌 2min 至均匀,最后将搅拌均匀的混合物放入模具中,在振动台上振动 2min 成型。24h 之后进行拆模,然后放入高温养护箱中高温养护 72h。

　　分别制作了四种孔隙率的圆盘模型来模拟孔隙岩石,孔隙率分别为 3%、7%、15% 和 23%,为了获得孔隙特征一致的圆盘试样,首先制做直径 50mm、高 100mm 的圆柱体,然后将圆柱体模切割成相同直径、厚度为 25mm 的圆盘,如图 5.4 所示。所有的试件都是经过同样的配比、加工方式和养护方法制作而成,并且每种孔隙率的圆盘试件都是同一批圆柱体截取出来的,因此可以认为所有制作的圆盘试件的孔隙分布特征和物理力学性质一致。

(a) 孔隙率为 3%

(b) 孔隙率为 7%

(c) 孔隙率为 15%

(d) 孔隙率为 23%

图 5.4　孔隙岩石物理模型

　　如前所述,模型中的孔隙尺寸是根据天然砂岩实际的孔隙尺寸范围来确定,共分为 6 个等级,孔隙的大小分布应该满足天然砂岩孔隙尺寸的分布规律。根据每个试件的设计孔隙率及指数分布函数可以确定出每个圆柱体试件所需的聚苯乙烯颗粒,表 5.2 给出了四种孔隙率下圆柱体试件中所用的聚苯乙烯颗粒的数量。

表 5.2　圆柱体试件中聚苯乙烯颗粒的数量

孔隙率		直径					
		1.8mm	2.3mm	2.6mm	3.3mm	4mm	5.2mm
3%	个数	81	48	35	16	7	1
	概率	0.4039	0.2553	0.1862	0.0851	0.0372	0.0053
7%	个数	189	112	81	38	16	2
	概率	0.4316	0.2557	0.1849	0.0868	0.0365	0.0046
15%	个数	404	240	175	81	35	4
	概率	0.4302	0.2556	0.1864	0.0863	0.0373	0.0043
23%	个数	619	368	268	125	54	6
	概率	0.4299	0.2556	0.1861	0.0868	0.0375	0.0042

5.2.2　孔隙岩石物理模型的孔隙结构特征

利用 CT 扫描检测了物理模型孔隙的统计特征及分布规律,以验证孔隙岩石物理模型与天然岩石孔隙结构在统计特征上的一致性。下面主要从三个方面进行分析:孔隙大小分布、孔隙数量在空间上的分布以及孔隙间距分布。

1. 孔隙大小分布

孔隙岩石物理模型中的孔隙尺寸是根据天然砂岩实际的孔隙尺寸范围来确定,共分为 6 个等级。天然砂岩孔隙尺寸满足指数分布函数,见式(2.2)。根据指数分布函数确定出每个圆柱体物理模型试件所需的聚苯乙烯颗粒,图 5.5 为四种孔隙率下实际所用的聚苯乙烯颗粒的尺寸分布曲线。通过对比发现,孔隙岩石物理模型中的聚苯乙烯颗粒尺寸的分布与天然砂岩中真实孔隙尺寸的分布规律一致,满足指数分布函数。

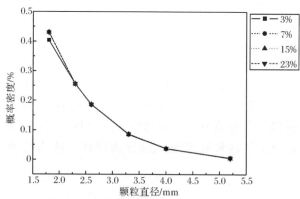

图 5.5　物理模型聚苯乙烯颗粒大小分布曲线

2. 孔隙数量在空间上的分布

为了分析聚苯乙烯颗粒在物理模型中的空间分布,即孔隙数量的空间分布,首先对四种不同孔隙率的试件逐一进行了 CT 扫描,考虑到聚苯乙烯最小的直径为 1.8mm,试件的高为 25mm,所以从试件两端,每间隔 1.25mm 扫描一层,总共扫描了 20 层,这样可以保证所有的扫描层中没有被遗漏的孔隙,图 5.6 给出了四种孔隙率试样同一扫描层(同为第 10 层)CT 图像的对比,图中的小黑点为聚苯乙烯颗粒,即物理模型中的孔隙。

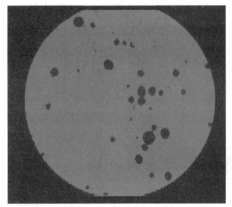

(a) 孔隙率为 3%　　　　　　　　　　　(b) 孔隙率为 7%

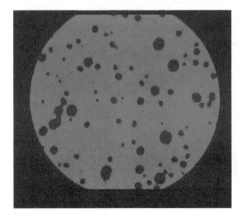
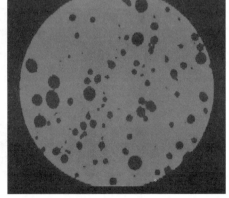

(c) 孔隙率为 15%　　　　　　　　　　　(d) 孔隙率为 23%

图 5.6　不同孔隙率物理模型 CT 图

为了准确地获取物理模型中孔隙数量的空间分布规律,并与天然红砂岩孔隙的分布进行对比,每种孔隙率统计了 2 组试件。为了方便分析,对 2 组不同孔隙率的试件进行编号,第一组编号为 3-1、7-1、15-1 和 23-1,第二组编号为 3-2、7-2、15-2 和 23-2。分别对每个孔隙率的 2 组试件进行 CT 扫描,将二维平面圆盘沿着周向等间隔分成 20 个等分扇形区,通过每个扇形区的孔隙像素计算该扇形区对应的孔隙个数,可得到每个扇形区区内孔隙的个数所占整个图像孔隙总个数的比例——即孔隙数量概率密度。图 5.7～图 5.10 给出了 2 组四种不同孔隙率试件的 20 层扫描层孔隙位置沿周向分布曲线。

统计结果表明:不同孔隙率试件各扫描层的孔隙数量在空间上基本满足均匀分布,当孔隙率为 3％和 7％时,2 组试件的孔隙数量分布有一定程度的离散;但当孔隙率增加到 15％和 23％时,两组试件的孔隙数量分布都能较好地服从均匀分布。研究结果表明:随着孔隙数量增多,其分布愈加接近于直线分布,该结果与天然砂岩孔隙数量在空间上的分布规律一致[2]。

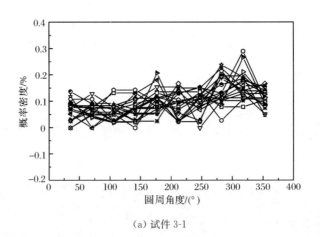

(a) 试件 3-1

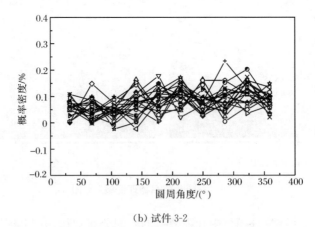

(b) 试件 3-2

图 5.7　物理模型孔隙位置沿周向分布曲线(孔隙率为 3％)

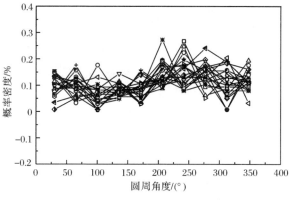

（a）试件 7-1

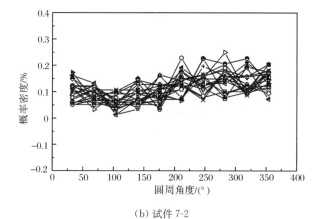

（b）试件 7-2

图 5.8 物理模型孔隙位置沿周向分布曲线（孔隙率为 7%）

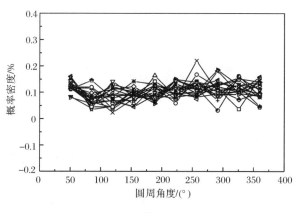

（a）试件 15-1

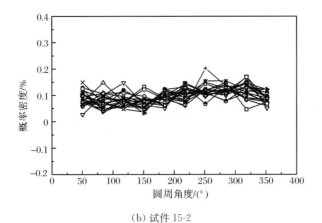

(b) 试件 15-2

图 5.9　物理模型孔隙位置沿周向分布曲线(孔隙率为 15%)

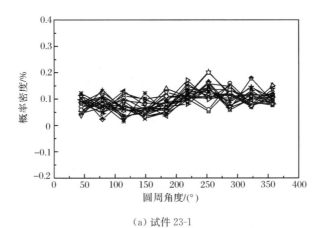

(a) 试件 23-1

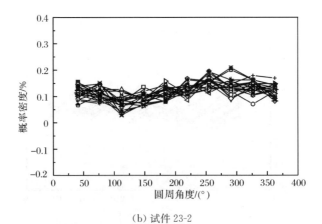

(b) 试件 23-2

图 5.10　物理模型孔隙位置沿周向分布曲线(孔隙率为 23%)

3. 孔隙间距分布

为了分析物理模型孔隙相对位置分布特征，对 2 组不同孔隙率试件各层所有孔隙的间距进行了统计分析，通过二值化每层 CT 图像计算出所有孔隙的形心坐标，作为孔隙的位置坐标。由于试件尺寸直径为 50mm，所以平面内任意两个孔隙之间的距离 r 范围是：0mm$<r<$50mm，根据这个范围，将孔隙间距分成 10 等分，即 5mm、10mm、15mm、…、50mm，通过编程计算落入每个区间范围内的孔隙间距数，即孔隙间距概率密度。图 5.11～图 5.14 为 2 组四种不同孔隙率试件孔隙间距分布曲线。

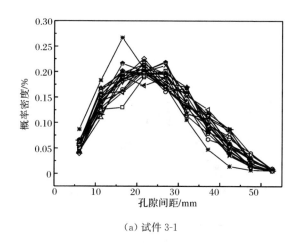

(a) 试件 3-1

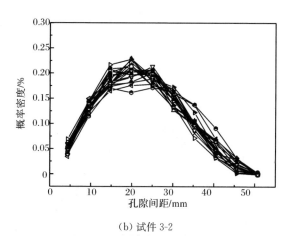

(b) 试件 3-2

图 5.11　物理模型孔隙间距分布曲线(孔隙率为 3%)

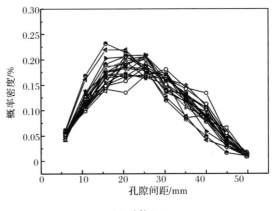

(a) 试件 7-1

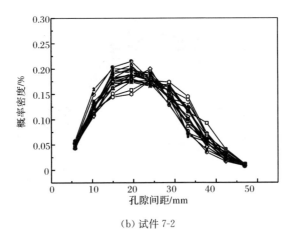

(b) 试件 7-2

图 5.12　物理模型孔隙间距分布曲线(孔隙率为 7%)

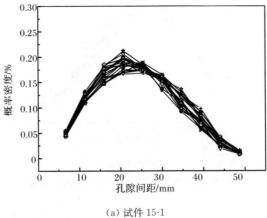

(a) 试件 15-1

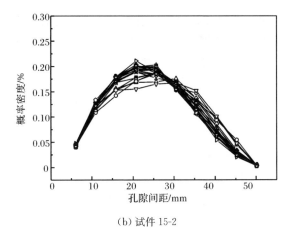

（b）试件 15-2

图 5.13　物理模型孔隙间距分布曲线（孔隙率为 15%）

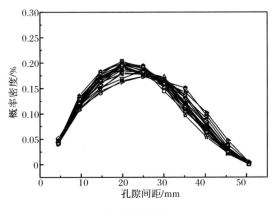

（a）试件 23-1

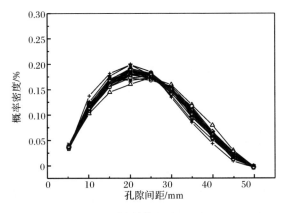

（b）试件 23-2

图 5.14　物理模型孔隙间距分布曲线（孔隙率为 23%）

不同孔隙率的两组试件各扫描层的孔隙间距较好地服从高斯分布。孔隙率较低时,分布有一定程度的离散,当孔隙率达到15%和23%时,孔隙间距非常接近高斯分布,随着孔隙率的增加,孔隙数目增多,孔隙间距更好地满足高斯分布。

四种孔隙率所有试件的孔隙间距的概率密度函数可以用统一的公式表示,即

$$y(L) = y_0(L) + \frac{A}{B\sqrt{\frac{\pi}{2}}} \exp\left[-2\left(\frac{L-L_0}{B}\right)^2\right] \tag{5.1}$$

式中,y_0、L_0、A 和 B 为待定参数;L 为孔隙间距。

式(5.1)中的参数可以通过分布函数拟合计算求得,对四种孔隙率两组试件扫描层的孔隙间距分布进行拟合,得到四种孔隙率试件的 y_0、L_0、A 和 B 平均值,结果如下:

孔隙率为3%:

$$y(L) = -0.016 + \frac{5.87}{23.23\sqrt{\frac{\pi}{2}}} \exp\left[-2\left(\frac{L-21.50}{23.23}\right)^2\right] \tag{5.2}$$

孔隙率为7%:

$$y(L) = -0.026 + \frac{6.55}{25.44\sqrt{\frac{\pi}{2}}} \exp\left[-2\left(\frac{L-22.55}{25.45}\right)^2\right] \tag{5.3}$$

孔隙率为15%:

$$y(L) = -0.048 + \frac{7.87}{27.54\sqrt{\frac{\pi}{2}}} \exp\left[-2\left(\frac{L-22.88}{27.54}\right)^2\right] \tag{5.4}$$

孔隙率为23%:

$$y(L) = -0.02 + \frac{6.80}{25.95\sqrt{\frac{\pi}{2}}} \exp\left[-2\left(\frac{L-22.73}{25.95}\right)^2\right] \tag{5.5}$$

式中,$y(L)$ 为孔隙间距的分布函数;L 为孔隙距离。

结果表明,随着孔隙率的增加,孔隙间距分布函数中的参数也随着增大,这与天然砂岩孔隙间距分布函数的规律是一致的[2]。需要说明的是,当孔隙率增加到23%时,分布函数中的参数开始减小,其值与孔隙率为7%时相近。

5.2.3　孔隙岩石物理模型的力学性质

为了检验孔隙岩石物理模型是否具有与天然砂岩相同或者相近的物理力学性质,需要开展一系列孔隙岩石模型的单轴压缩试验,来测试孔隙岩石模型的抗压强度、泊松比和弹性模量。试件为 50mm×100mm 的圆柱体(和前面测试孔隙分布特征所用试件制作工艺完全相同)每种孔隙率重复测试三个试件。表 5.3 给

出了四种孔隙率物理模型的抗压强度、泊松比和弹性模量,该值为每组三个试件实测结果的平均值。

表 5.3　不同孔隙率物理模型的抗压强度、泊松比和弹性模量

孔隙率/%	抗压强度/MPa	泊松比	弹性模量/GPa
3	67.7	0.14	25.1
7	53.4	0.18	21.3
15	39.2	0.23	18.4
23	33.8	0.27	16.8

图 5.15～图 5.18 给出了四种孔隙率的孔隙岩石物理模型破坏时的典型应力-应变曲线和受压破坏照片。

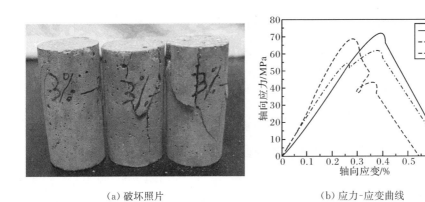

(a) 破坏照片　　　　　　　　　(b) 应力-应变曲线

图 5.15　孔隙岩石物理模型应力-应变曲线和受压破坏照片(孔隙率为 3%)

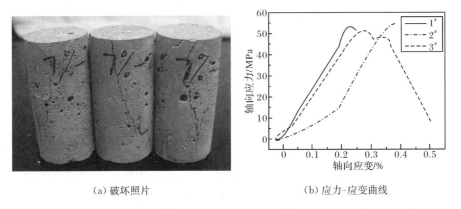

(a) 破坏照片　　　　　　　　　(b) 应力-应变曲线

图 5.16　孔隙岩石物理模型应力-应变曲线和受压破坏照片(孔隙率为 7%)

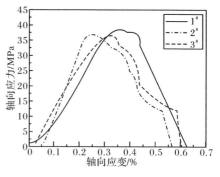

（a）破坏照片　　　　　　　　　（b）应力-应变曲线

图 5.17　孔隙岩石物理模型应力-应变曲线和受压破坏照片（孔隙率为 15%）

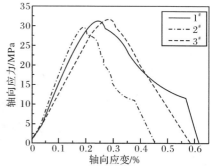

（a）破坏照片　　　　　　　　　（b）应力-应变曲线

图 5.18　孔隙岩石物理模型应力-应变曲线和受压破坏照片（孔隙率为 23%）

试验结果表明：

（1）孔隙率为 23% 的孔隙岩石物理模型的抗压强度、泊松比和弹性模量与天然砂岩十分相近,天然砂岩的实测孔隙率平均值为 23.3%[2]。

（2）随着孔隙率的减小,抗拉强度和弹性模量增大,泊松比降低,这与天然砂岩的力学性质相一致。

5.2.4　孔隙岩石物理模型劈裂的应力-应变性质

每种孔隙率圆盘制作了三个圆盘试件,其中一个试件用于观测劈裂的应力-应变响应曲线,另外两个试件用于劈裂过程的 CT 扫描试验,为研究不同加载时期孔隙结构的演化规律以及这些演化对圆盘破坏时的抗拉强度、破坏状态和破坏路径的影响,分别观测了不同荷载条件下圆盘的破坏行为,荷载条件分为未加载、30% 峰值荷载、90% 峰值荷载和峰值荷载。保持荷载不变时对圆盘试件进行 CT 扫描。图 5.19～图 5.22 给出了第一组四种孔隙率试件劈裂荷载-位移曲线,并标出了 CT 扫描时刻,其中 a 点为未加载时刻,b 点为 30% 峰值荷载,c 点对应于 90% 峰值荷载,d 点则对应于峰值荷载时刻。表 5.4 给出了第一组四种孔隙率试件四个加载时刻对应的荷载。表 5.5 列出了三组不同孔隙率试件的抗拉强度。

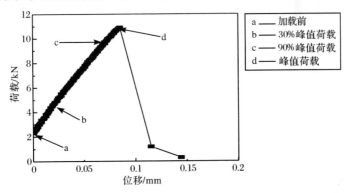

图 5.19　劈裂荷载-位移曲线(孔隙率为 3%)

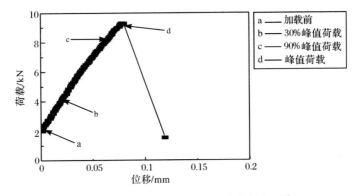

图 5.20　劈裂荷载-位移曲线(孔隙率为 7%)

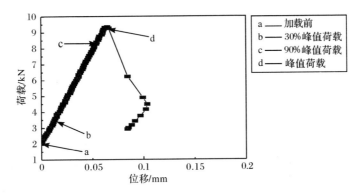

图 5.21　劈裂荷载-位移曲线(孔隙率为 15%)

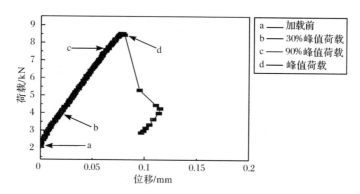

图 5.22　劈裂荷载-位移曲线(孔隙率为 23%)

表 5.4　四种孔隙率试件四个加载时刻对应的荷载

孔隙率 /%	加载时刻			
	未加载	30%峰值荷载/kN	90%峰值荷载/kN	峰值荷载/kN
3	0	3.273	9.819	10.91
7	0	2.922	8.766	9.74
15	0	2.802	8.406	9.34
23	0	2.559	7.677	8.53

表 5.5　不同孔隙率试件的抗拉强度

孔隙率 /%	抗拉强度/MPa			
	第一组	第二组	第三组	平均值
3	5.5564	5.6478	5.7123	5.6388
7	4.8739	4.7579	4.7891	4.8070
15	4.1325	3.9237	4.1975	4.0846
23	3.7946	3.8137	3.7268	3.7784

　　从表 5.5 中数据可以得知,用于做劈裂过程 CT 扫描试验的两组试件和用于观测应力-应变响应曲线劈裂试验的试件具有相同的抗拉强度值。根据表 5.5,绘制了圆盘试件抗拉强度随着孔隙率改变而变化的关系曲线,如图 5.23 所示。

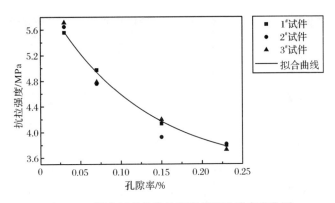

图 5.23　圆盘试件的抗拉强度值随孔隙率变化图

圆盘试件抗拉强度随孔隙率的变化曲线与指数分布很相近,用指数分布函数进行了拟合,拟合相关系数为 $R^2 = 0.9984$,拟合公式为

$$\sigma_t = A\exp\left(-\frac{\rho_v}{B}\right) + C \qquad (5.6)$$

式中,σ_t 为抗拉强度;ρ_v 为孔隙率;A、B 和 C 为待定参数,可以通过试验数据拟合计算求得。

5.3　孔隙岩石物理模型劈裂 CT 扫描试验

考虑到圆盘模型中的最大孔径为 5.2mm,为了说明问题,对每一种孔隙率圆盘,从重构的横截面中隔四层选取一个代表层,共选取了五个代表层的 CT 图像,图 5.24～图 5.27 给出了不同加载时刻四种孔隙率圆盘试件的横截面 CT 图像,在每一种孔隙率圆盘试件的 CT 图像中,从上至下,分别为未加载、峰值荷载30%、峰值荷载90%和峰值荷载四种工况,每一种工况中从左至右分别表示该试件的第 1、5、10、15 和第 20 扫描层。为了分析在不同加载时刻孔隙数量和形状发生的变化以及发生变化的位置,将峰值荷载 30%、峰值荷载 90% 以及峰值荷载三种工况条件下的五个代表层图像与未加载时相对应的五个代表层图像进行相减运算,得到结果如图 5.24(b)～图 5.27(b)所示,其中每排图像从左至右分别表示该试件的第 1、5、10、15 和第 20 扫描层。图中小黑点表示在不同加载时刻下相对于未加载时,代表层上孔隙数量和形状发生的改变量,周围出现的黑圈是由于图像的噪声所造成的。

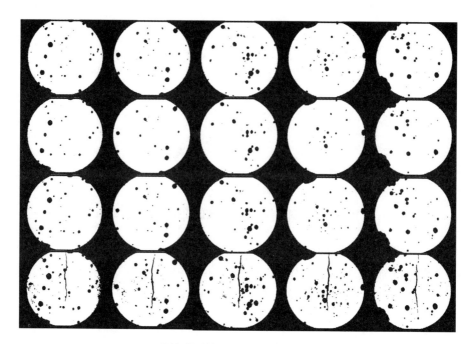

（a）不同加载时刻圆盘试件的横截面 CT 图像

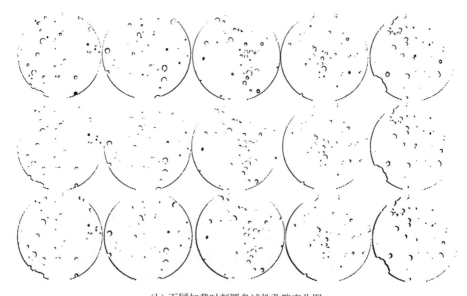

（b）不同加载时刻圆盘试件孔隙变化图

图 5.24　不同加载时刻圆盘试件的横截面 CT 图像和孔隙变化情况（孔隙率为 3%）

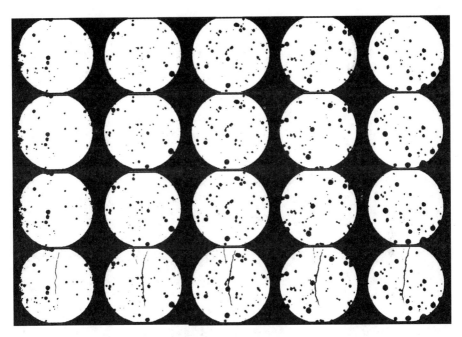

(a) 不同加载时刻圆盘试件的横截面 CT 图像

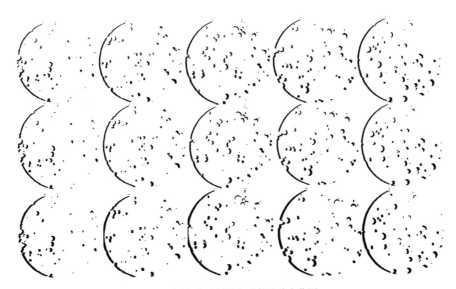

(b) 不同加载时刻圆盘试件孔隙变化图

图 5.25　不同加载时刻圆盘试件的横截面 CT 图像和孔隙变化情况(孔隙率为 7%)

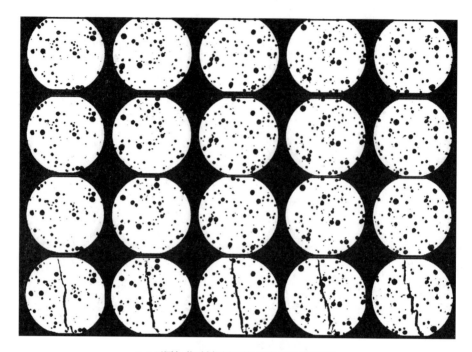

（a）不同加载时刻圆盘试件的横截面 CT 图像

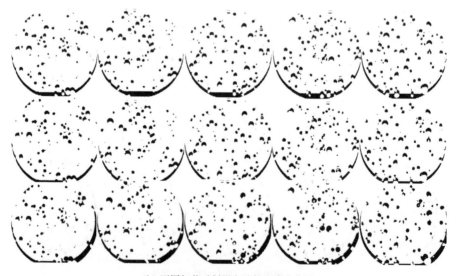

（b）不同加载时刻圆盘试件孔隙变化图

图 5.26　不同加载时刻圆盘试件的横截面 CT 图像和孔隙变化情况（孔隙率为 15%）

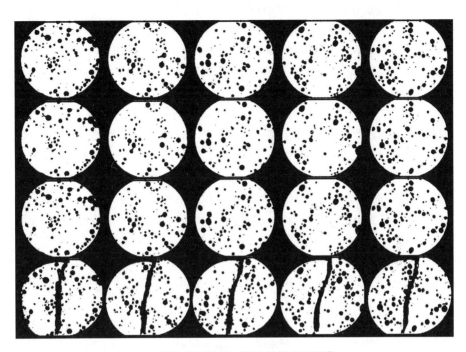

(a) 不同加载时刻圆盘试件的横截面 CT 图像

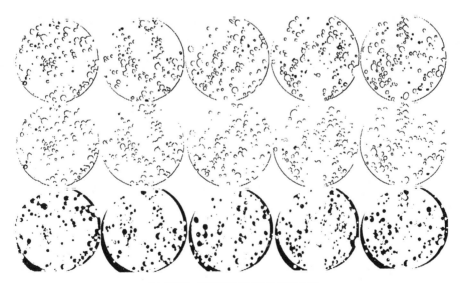

(b) 不同加载时刻圆盘试件孔隙变化图

图 5.27　不同加载时刻圆盘试件的横截面 CT 图像和孔隙变化情况(孔隙率为 23%)

通过试验观察和 CT 图像分析发现：

（1）四种孔隙率条件下，在劈裂荷载达到 90% 峰值荷载前，圆盘试件均未发现肉眼可见的开裂。接近或达到峰值荷载时圆盘试件突然出现了贯通的纵向裂缝，试件产生劈裂破坏。圆盘试件劈裂破坏呈现典型的弹脆性特征，孔隙的数量及分布特征对这种宏观破坏特征影响不大。

（2）当孔隙率小于等于 7% 时，纵向劈裂裂缝细窄，且基本位于圆盘试件纵向对称轴处。贯通的裂缝基本处于基体当中，并未有明显的穿越固有孔隙的现象，多数情况是与已有孔隙边界相切。然而，当孔隙率大于等于 15% 时，纵向劈裂裂缝明显加宽，并且扩展路径明显地偏离试件的纵向对称轴，出现了弯折现象。此时，裂缝出现了跨越已有孔隙的，并连通形成较宽的纵向劈裂裂缝。

（3）当孔隙率小于等于 7% 时，出现的小黑点数目较少，并且比较小，尤其是孔隙率为 3% 时。这说明当孔隙率小于等于 7% 时，在不同加载时刻，孔隙数量和形状的变化很小；当孔隙率大于等于 15% 时，图中出现了数目较多的小黑点，且形状都比较大，说明随着孔隙率的增大，在不同加载时刻，相对于未加载时孔隙的数量和形状都发生了较大的变化。

（4）对于四种孔隙率试件，在 30% 峰值荷载和 90% 峰值荷载条件下，比较两个时刻图中出现的小黑点的数量和形状，基本保持不变，而到了峰值荷载则都出现了较为明显的变化。这说明当荷载达到峰值荷载时，孔隙的数量和形状才发生突然变化，圆盘模型呈现一种脆性特征。

尽管孔隙圆盘的宏观破坏呈现不依赖于孔隙数量和分布的弹脆性特征，但是随着孔隙率的增大由于孔隙数量和分布的影响，圆盘试件内部单元（细观结构）的应力分布出现非对称性，主拉应力方向产生不同的变化，导致劈裂裂缝偏离纵向对称轴。同时，由于局部应力的影响，部分孔隙产生明显的不可恢复变形（即局部有剪应力作用）。当劈裂裂缝穿越这些孔隙，并逐步连通后，裂缝的宽度增大。

5.4　孔隙岩石细观结构的演化分析

为了考察劈裂破坏过程中孔隙形态的变化，采用离心率 e 参数，计算了不同孔隙率试件在不同加载阶段各扫描层内孔隙离心率的平均值[1]。离心率是刻画圆锥曲线几何形态的一个参数，它描述了曲线偏离圆的程度，如图 5.28 所示。假设任意一个固定点 F（焦点）、不包含 F 点的一条直线 L（基准线）和一个非负实数 e，则圆锥曲线由所有点到 F 点的距离等于它们到基准线的距离乘以 e 的点组成，非负实数 e 称为圆锥曲线的离心率，$e=0$ 时圆锥曲线为圆；$0<e<1$ 时得到椭圆；$e=1$ 时得到抛物线；$e>1$ 时圆锥曲线则为双曲线。离心率 e 为

$$e = \frac{c}{a} \tag{5.7}$$

式中，c 为圆锥曲线的半焦距；a 为圆锥曲线的半长轴或半实轴。

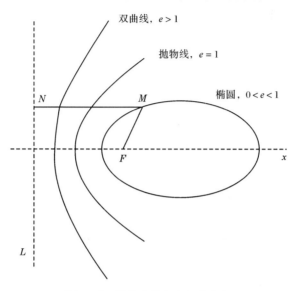

图 5.28　圆锥曲线与离心率定义

　　表 5.6 列出了加载前不同孔隙率模型中孔隙的初始离心率 e_{ini}，该值是对每一种孔隙率试件的 20 层扫描层中各层孔隙离心率的平均值再取平均得到的。通过表中数据可以看出，不同孔隙率试件的初始离心率大致相同，都在 $0.58 \sim 0.6$ 范围之内，说明孔隙为椭圆形。

表 5.6　不同孔隙率模型的孔隙初始离心率 e_{ini} 的平均值和标准差

离心率参数	孔隙率为 3%	孔隙率为 7%	孔隙率为 15%	孔隙率为 23%
离心率平均值	0.5978	0.5899	0.5809	0.5967
离心率标准差	0.0305	0.0276	0.0195	0.0187

　　当孔隙率增大时，离心率的标准差随着减少，说明随着孔隙数目的增多，每层孔隙的离心率和平均孔隙率的偏差逐渐减少。表 5.7 列出了四种孔隙率圆盘试件在不同加载时刻下孔隙离心率的平均值以及相对于初始离心率的变化量。为了比较不同加载时刻四种孔隙率模型孔隙数目和形状的变化，以初始离心率 0.6 为分界线进行了统计，考虑到孔隙的最大直径为 5.2mm，圆盘厚度为 25mm，为了避免重复统计，选取了第 1、5、10、15 以及第 20 层作为代表层，表 5.8 列出了在不同加载时刻 5 层代表层孔隙数目以初始离心率 0.6 为分界线的统计结果。

表 5.7　四种孔隙率圆盘试件在不同加载时刻下孔隙离心率的变化

孔隙率/%		峰值荷载的 30%		峰值荷载的 90%		峰值荷载	
		e	变化率/%	e	变化率/%	e	变化率/%
3	平均值	0.5979	0.0167	0.5945	0.55	0.6122	2.41
	标准差	0.0379	—	0.0317	—	0.0417	—
7	平均值	0.5976	1.48	0.6054	2.8	0.6077	3.19
	标准差	0.0447	—	0.0305	—	0.0372	—
15	平均值	0.5671	2.38	0.5700	1.88	0.5920	1.91
	标准差	0.0252	—	0.0211	—	0.0230	—
23	平均值	0.6061	1.58	0.6002	0.59	0.6142	2.93
	标准差	0.0196	—	0.0163	—	0.0218	—

计算结果表明：

（1）当孔隙率小于等于 7% 时，随着荷载的逐步增加，圆盘试件中的孔隙形状和数量均没有明显的变化。分析其原因，当孔隙率小于等于 7% 时，出现的裂缝没有穿越孔隙，而是出现在试件的基体上，基本上位于圆盘试件纵向对称轴处。当达到峰值荷载时，孔隙的形状发生了一些变化，从孔隙离心率的变化可以看出这一点。

（2）当孔隙率超过 15% 以后，圆盘试件中的孔隙数目和形状都有了明显的变化。当孔隙率为 15%，荷载达到或超过 90% 峰值荷载时，试件中的孔隙数目出现了明显的下降，而当孔隙率为 23%，荷载达到 30% 时孔隙数目就开始出现了下降。说明孔隙率大于等于 15% 时，裂缝的扩展路径偏离了试件的纵向对称轴，出现了裂缝跨越孔隙的现象，并且沿着孔隙发展。随着荷载的增加，更多的孔隙被裂缝所"吞食"，导致孔隙数目明显下降，当达到峰值荷载时，最终形成粗而弯曲的破坏裂缝贯穿整个试件。

尽管劈裂荷载作用下孔隙圆盘的外部宏观破坏呈现明显的弹脆性特征，但是其内部孔隙结构变化以及由此引发的应力状态的变化呈现依赖于孔隙数量和分布性质的规律。15% 的孔隙率似乎可以作为影响孔隙细观结构变化和应力状态变化的临界孔隙率。

表5.8　五层代表层中以初始离心率 $e_{ini}=0.6$ 为界的孔隙数目的统计结果

孔隙率/%	扫描层和孔隙数		峰值荷载为30%		峰值荷载为90%		峰值荷载	
			$e<0.6$	$e>0.6$	$e<0.6$	$e>0.6$	$e<0.6$	$e>0.6$
3	扫描层	1	18	17	26	16	19	15
		5	13	16	14	15	13	15
		10	11	28	18	15	20	21
		15	12	28	18	21	16	21
		20	15	9	16	14	15	19
	孔隙总数		69	98	92	81	83	91
			167		173		174	
	变化率/%		1.8		1.8		2.4	
7	扫描层	1	18	23	20	28	22	25
		5	25	24	30	25	20	27
		10	28	29	21	23	25	34
		15	21	22	20	23	28	18
		20	27	19	28	19	28	13
	孔隙总数		119	117	119	118	123	117
			236		237		240	
	变化率/%		1.3		1.7		3	
15	扫描层	1	45	29	40	31	45	29
		5	44	37	40	37	43	31
		10	47	31	41	32	46	35
		15	40	41	40	37	41	27
		20	49	30	46	30	33	37
	孔隙总数		225	168	213	169	208	159
			394		374		367	
	变化率/%		2.3		−2.6		−4.4	
23	扫描层	1	45	46	52	39	37	40
		5	46	50	40	41	41	58
		10	46	52	51	45	51	53
		15	37	51	52	52	44	43
		20	39	59	53	47	43	52
	孔隙总数		183	228	248	224	216	246
			471		472		462	
	变化率/%		−3.5		−3.2		−5.3	

注:表中"−"表示不同加载时刻圆盘模型的孔隙数相对初始孔隙数在减少。

5.5　本章小结

　　本章详细介绍了利用模型材料制作与天然砂岩具有相同孔隙特征的孔隙岩石物理模型,测试了物理模型力学性能,分析了物理模型孔隙数量、孔隙尺寸等分布特征。孔隙率为23%的孔隙岩石物理模型的抗压强度、泊松比和弹性模量与天然红砂岩十分相近。基于孔隙岩石物理模型,结合自行研制的加载装置和CT扫描技术,研究和分析了岩石圆盘劈裂破坏全过程,分析了孔隙结构对岩石劈裂破坏裂缝扩展形态的影响,揭示了劈裂荷载下岩石内部孔隙结构的演化规律。

参 考 文 献

[1] 杨永明,鞠杨,王会杰.孔隙岩石的物理模型与破坏力学行为分析[J].岩土工程学报,2010,32(5):736—744.

[2] Ju Y,Yang Y M,Peng R D,et al. Effects of pore structures on static mechanical properties of sandstone [J]. ASCE Journal of Geotechnical and Geoenvironmental Engineering, 2013, 139(10):1745—1755.

第6章 卸载条件下裂隙岩石变形破坏及能量分析

随着我国煤炭资源开采强度和开采深度的增加,重特大安全事故频繁发生,造成了严重的人员和物质财产损失,引起了国际社会的广泛关注。目前我国大中型煤矿普遍采用大规模集约化开采技术,强卸荷和反复扰动导致围岩应力场剧烈变化,诱发煤瓦斯突出、突水、冲击地压和岩爆等一系列严重矿山灾害[1~3]。国内外研究表明:岩体开挖实质上是一种局部卸荷作用,它打破了岩体原始地应力场的平衡状态,是导致围岩应力场重分布的外部原因。外载作用下赋含裂隙结构(或非连续结构,如节理/裂隙、孔隙、孔穴、软弱夹层等)的煤岩体复杂的物理力学响应与变形破坏行为是导致围岩应力场时空演化规律多变的内在原因。这两者相互影响,互为因果,使准确定量地分析、预测围岩应力场变化和煤岩体的变形破坏规律变得异常复杂和困难。例如,煤瓦斯突出一直是威胁我国煤矿安全生产的重大灾害之一,我国煤炭储量48%分布于高瓦斯突出煤层,煤层瓦斯贮存量高,70%以上煤层属于低渗透性煤层[3~5]。开挖扰动导致原始地应力场和煤岩原生孔/裂隙结构剧烈变化,煤瓦斯的运移、渗透、积聚和压力分布随之改变,诱发煤岩体变形破坏并形成煤瓦斯突出灾害。但由于对开挖卸荷过程中煤岩体非连续孔/裂隙结构的演化模式、煤瓦斯运移与积聚规律、岩体变形破坏性质、成灾机理及其定量描述方法等复杂问题的研究和认识不足,构建安全高效的深部煤瓦斯突出监测预警体系面临巨大挑战。

因此,认识和掌握开挖卸荷过程中裂隙煤岩的变形破坏规律、内在机制和发生整体破坏的触发条件已成为揭示煤矿工程灾害的成灾过程、时空演化规律和致灾机理的前沿与基础科学问题,它对于构建深部煤矿灾害事故监测预警体系,实现煤矿的高效安全生产具有重大意义。

6.1 材料参数和边界条件的选取

根据煤岩样品单轴受压和 X 射线衍射试验结果,模型中煤岩基体和夹杂(97.9%为方解石)的物理力学参数取值如表 6.1 所示。煤岩样品实测单轴抗压强度的平均值为 22.2MPa,弹性模量平均值为 2.93GPa。考虑到三轴应力作用下煤岩基体和夹杂材料可能发生剪切破坏,基体和夹杂单元的本构关系按 Mohr Coulomb 材料确定,基体的物理力学参数取自试验和文献[6]。由于大理岩的主要成分为方解石,故夹杂的物理力学参数参考大理岩确定,见文献[7]~[10]。

表 6.1　模型中煤岩基体和夹杂(97.9%为方解石)的物理力学参数

力学参数	单轴抗压强度/MPa	弹性模量/GPa	泊松比	黏聚力/MPa	内摩擦角/(°)	三轴抗压强度/MPa	三轴抗拉强度/MPa
煤岩基体	22.20	2.93	0.38	3.11	40.90	33.30	4.00
夹杂(方解石)	75.63	34.00	0.25	21.58	34.32	114.52	6.15

　　在第 3 章构建的裂隙煤岩三维实体的单元网格模型上施加相关的边界约束,如图 6.1 所示。模型为 50mm×50mm×50 mm 立方体。图 6.2 显示了表面单元、内部单元以及裂隙、夹杂与基体界面处的网格加密和细化情况,其中:图 6.1(a)为模型的三维体视图,图 6.2(a)、(b)和(c)分别为沿水平方向的 x-z 横剖面、沿垂直方向的 y-x 和 y-z 纵剖面,x 和 z 轴为水平方向,y 轴为垂直方向。图 6.1(b)为模型加载和边界约束的示意图。加载时沿 y 方向施加均布轴压,沿 x 和 z 方向施加均布围压。卸载沿 x 轴方向。沿轴压加载方向的顶面两棱边各点施加 x 方向位移约束,y 和 z 方向自由变形。底面两棱边各点施加 x 方向位移约束,面内各点施加竖直 y 方向的位移约束,底面各点 z 方向自由变形;其余各面为自由表面。

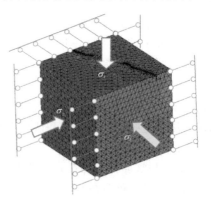

(a) 三维体视图　　　　　　　　(b) 实体模型的加载和边界约束条件

图 6.1　裂隙煤岩三维实体的单元网格模型和边界约束条件

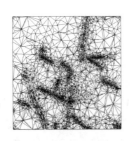
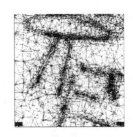
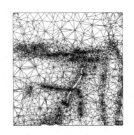

(a) 实体 x-z 横剖面　　　　(b) 实体 x-y 横剖面　　　　(c) 实体 y-z 横剖面

图 6.2　裂隙煤岩的二维单元网格模型

6.2　加、卸载条件和破坏准则

为了模拟煤岩初始应力状态,分析围压局部卸荷对裂隙煤岩应力重分布和变形破坏的影响,参照煤岩样品开采区域的地质应力条件,数值计算时沿 x、y 和 z 三个方向对模型施加初始应力,其中:沿 x、z 方向施加 10MPa 均布围压,大小约等于煤岩单轴抗压强度平均值的 45%;沿 y 方向施加 20MPa 均布轴压,相当于煤岩单轴抗压强度平均值的 90%。为模拟分步开挖和满足节点荷载平衡条件,轴压分 10 个荷载步逐级施加,围压分 5 个荷载步施加,即每步施加 2MPa。

卸载沿模型 x 轴方向进行,分以下两种模式[11]:

模式 1:外法线沿 x 轴方向的两个面同时一次完全卸载,即一个荷载步卸除全部围压。

模式 2:外法线沿 x 轴正方向的面一次完全卸载,即一个荷载步卸除全部围压。

设置上述两种不同的卸载模式是为了模拟和分析不同的局部卸载效应对裂隙煤岩应力重分布与变形破坏行为的影响。

考虑煤岩的实际应力状态与物理模型试验的加卸载方式和约束情况,三维模型计算时的边界条件设置如下:轴向加载顶面(外法线为 y 轴负方向)两棱边各点施加沿 x 方向的位移约束,y 和 z 方向自由变形;轴向加载底面(外法线为 y 轴正方向)两棱边各点施加沿 x 方向的水平位移约束,同时面内各点施加沿 y 方向的竖直位移约束,z 方向自由变形;其余各面为自由表面。加载方式和边界约束条件如图 6.1 所示。这种边界约束条件与物理模型三轴压缩-卸压试验的边界条件相一致。

受裂隙结构影响,煤岩内部单元的应力状态各不相同,考虑到复杂应力状态下煤岩单元可能发生的压、拉或剪切-滑移破坏以及材料弹塑性性质和中间主应力对变形破坏的影响,计算中设置了最大压应力、最大拉应力和 Drucker-Prager 准则作为复杂应力下基体单元发生破坏的判别准则,以任意单元最先达到的应力状态和破坏准则来判别该单元的破坏。考虑到夹杂的抗拉、抗压强度远高于煤岩基体强度,夹杂-基体交界面破坏实质上是基体相邻侧弱单元的破坏,故将基体单元的变形破坏作为模型失效破坏的控制条件。

基体单元最大压应力准则为

$$f = |\sigma_3| - \sigma_c = 0 \tag{6.1}$$

式中,σ_3 为单元第三主应力($\sigma_1 \geqslant \sigma_2 \geqslant \sigma_3$、拉应力为正、压应力为负);$\sigma_c$ 为基体静抗压强度,考虑多轴应力影响,σ_c 取三轴应力下完整煤岩的极限抗压强度,由三轴试验确定。

　　单元最大拉应力准则为

$$f = |\sigma_1| - \sigma_t = 0 \tag{6.2}$$

式中，σ_1 为单元第一主应力（$\sigma_1 \geqslant \sigma_2 \geqslant \sigma_3$、拉应力为正、压应力为负）；$\sigma_t$ 为基体静抗拉强度，取三轴应力下完整煤岩的极限抗拉强度，由三轴试验确定。

　　基体单元破坏的 D-P 准则为

$$f = \sqrt{J_2} + \alpha I_1 - K = 0 \tag{6.3}$$

式中，I_1 为应力张量的第一不变量；J_2 为偏应力张量的第二不变量；α 和 K 为煤岩材料参数。

$$J_2 = \frac{1}{6} \left[(\sigma_1 - \sigma_2)^2 + (\sigma_2 - \sigma_3)^2 + (\sigma_3 - \sigma_1)^2 \right] \tag{6.4a}$$

$$I_1 = \sigma_1 + \sigma_2 + \sigma_3 \tag{6.4a}$$

$$\alpha = \frac{2\sin\varphi}{\sqrt{3}(3 - \sin\varphi)}, \quad K = \frac{6c\cos\varphi}{\sqrt{3}(3 - \sin\varphi)} \tag{6.5}$$

式中，c 和 φ 分别为煤岩材料的黏结力和内摩擦角，由三轴试验确定。

　　在初始应力状态下和卸载过程中，当模型某单元应力状态满足准则式(6.1)～式(6.3)中任一条件时，该单元被识别为破坏并被"杀死"，即从下一个荷载步的迭代计算中退出，如此反复迭代计算，直到所有单元内力的计算残差满足收敛准则时计算终止，输出单元的应力与变形结果。

6.3　结果与分析

6.3.1　应力、应变分布与变形破坏特征

　　为揭示局部卸载对初始应力下裂隙煤岩应力重分布与变形破坏的影响，图 6.3～图 6.5 绘出了裂隙煤岩在初始荷载 20MPa 轴压、10MPa 围压条件下经历两种不同方式卸载后主应力 σ_1、主应变 ε_1 分布以及破坏单元与破坏区域的空间分布，其中：应力、应变所截取的剖面与图 6.1 所示横剖面和纵剖面的位置相同，图中黑线代表煤岩内部裂隙、夹杂单元的边界以及因发生变形破坏而被"杀死"的单元边界，利用裂隙、夹杂、基体和破坏单元材料属性不同的特点，对被"杀死"的单元赋予特殊的材料属性，将基体和夹杂中被"杀死"的单元分离出来，"追踪"加载和卸载过程中煤岩体弹塑性破坏的位置和区域，从而直观和定量地识别加载和卸载过程对煤岩体变形破坏行为的影响。图 6.3 和图 6.4 每一列从左到右分别表示初始应力和应变分布、按模式 1 完全卸载后的应力和应变分布、按模式 2 完全卸载后的应力和应变分布，每一排从上到下分别表示三维体视图、x-z 横剖面、x-y 纵剖面和 y-z 纵剖面。图 6.5 给出了各种工况下破坏单元和破坏区域的空间分布。

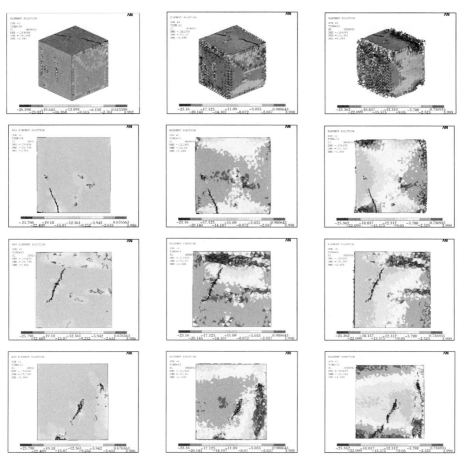

图 6.3　围压 $\sigma_x = \sigma_z = 10\text{MPa}$ 和卸载条件下裂隙煤岩内部
主应力 σ_1 分布的三维和横截面图(见彩图 6.3)

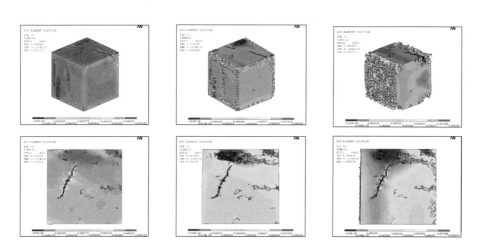

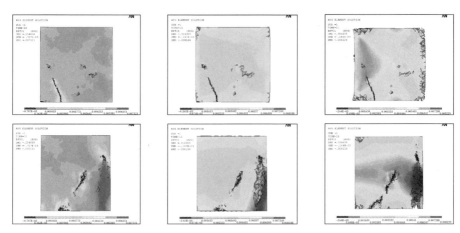

图 6.4　围压 $\sigma_x = \sigma_z = 10$MPa 和卸载条件下裂隙煤岩内部
主应力 σ_1 分布的三维和横截面图(见彩图 6.4)

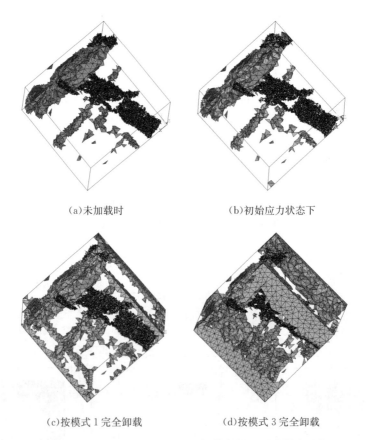

　　　(a)未加载时　　　　　　　　　　(b)初始应力状态下

　　　(c)按模式 1 完全卸载　　　　　　　(d)按模式 3 完全卸载

图 6.5　围压 $\sigma_x = \sigma_z = 10$MPa 和卸载条件下裂隙煤岩破坏
单元和破坏区域的空间分布(见彩图 6.5)

　　为了对比和分析内部裂隙和夹杂对卸载时煤岩应力分布与变形破坏规律的影响,图 6.6~图 6.8 给出了相同初始荷载与约束条件下无裂隙的完整煤岩经历上述两种方式卸载后内部主应力 σ_1、主应变 ε_1 与破坏单元分布的计算结果。图中所有图的含义和图 6.3~图 6.5 一致,就不再赘述了。

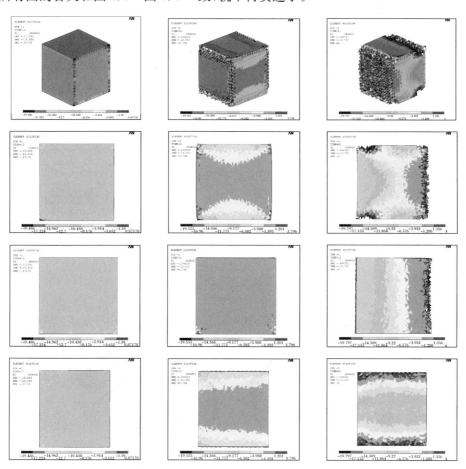

图 6.6　初始围压 $\sigma_x = \sigma_z = 10\mathrm{MPa}$ 和卸载条件下完整煤岩内部
主应力 σ_1 分布的三维和横截面图(见彩图 6.6)

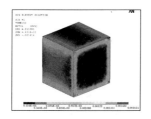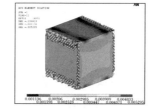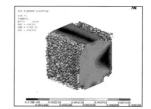

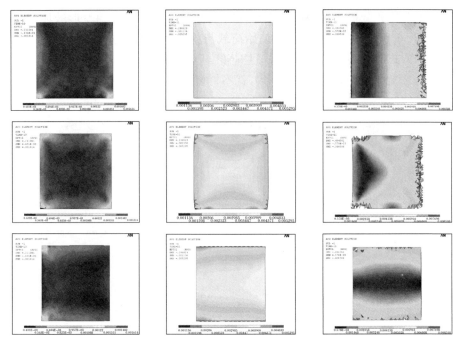

图 6.7　初始围压 $\sigma_x = \sigma_z = 10\mathrm{MPa}$ 和卸载条件下完整煤岩内部
主应变 ε_1 分布的三维和横截面图（见彩图 6.7）

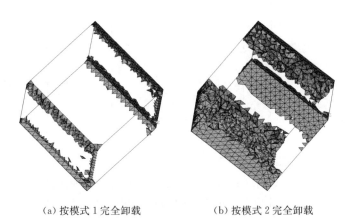

（a）按模式 1 完全卸载　　　　　（b）按模式 2 完全卸载

图 6.8　初始围压 $\sigma_x = \sigma_z = 10\mathrm{MPa}$ 及卸载条件下完整煤岩的
破坏单元及空间分布（见彩图 6.8）

计算结果表明：

（1）初始三向压力作用下，裂隙煤岩绝大部分区域单元主应力 σ_1 为压应力，主拉应力出现在裂隙周边和模型脚边处的少数单元上，单元平均主压应力约为 12.6MPa，平均主拉应力约为 2.3MPa。变形方面，煤岩基体均布低幅值主拉应变,裂隙周边有较高水平主拉应变,加载面(外法线为 y 轴方向)附近夹杂有低幅值的主压应变。单元平均主拉应变约为 1.5×10^{-3}。裂隙周边和夹杂处的部分单元发生破坏,煤岩整体无明显体积和形状变形。不难看出,这种变形破坏特征与开挖前实际煤岩的变形破坏特征相一致。相同初始条件下,完整煤岩除加载面棱边个别单元出现拉应力外(约 0.5MPa),全场均布主压应力 σ_1,平均值约为 10.5MPa,较裂隙煤岩低约 17%。变形方面,煤岩全场均布低幅值主拉应变,平均值约 0.4×10^{-3},较裂隙煤岩低约 73%。完整煤岩没有单元破坏。

这些差别说明三向压力作用下裂隙煤岩中的裂隙与夹杂增大了基体主应力/主应变分布的不均匀性,提高了基体的平均压应力与拉应变水平,并在裂隙周边和夹杂处产生应力集中,单元发生破坏。这些特征反映了裂隙和夹杂对初始围压作用下煤岩应力、应变分布与整体变形破坏的影响。

(2)围压两侧同时完全卸载时(模式 1),与卸载前相比,煤岩的裂隙周边、中部以及夹杂区域出现明显的主拉应力集中,主拉应力分布范围扩大,主压应力分布范围缩小,高主压应力集中在相邻非卸载面(外法线为 z 方向)周边区域。拉应力区平均主拉应力约为 2.5MPa,与卸载前裂隙周边单元的平均主拉应力水平相当,压应力区的平均主压应力约为 5.0MPa,较卸载前降低约 60%。变形方面,卸载后煤岩基体仍以主拉应变为主,但分布不均,高主拉应变集中在裂隙周边和煤岩中部区域,单元平均主拉应变约为 3.5×10^{-3},较卸载前提高约 133%。夹杂处单元保持为压应变,主压应变平均 0.3×10^{-3},与卸载前水平相当。煤岩两侧卸载面同时外凸变形,裂隙周边、夹杂处以及卸载面与非卸载面交界处破坏显著。

值得注意的是,相同卸载模式下完整煤岩呈现不同的应力、应变分布与变形破坏特征。与初始状态相比,两侧卸载后,完整煤岩 σ_1 仍以压应力为主,但呈非均匀分布,中部区主压应力较小,非卸载面邻域主压应力较高,压应力分布呈轴对称性。单元平均主压应力约 4.0MPa,较卸载前下降约 62%,降幅略高于裂隙煤岩。主拉应力出现在煤岩边角处,幅值较大,平均值约 2.5MPa。变形方面,完整煤岩全场分布主拉应变,中部区域较大,四周较小,具有轴对称性。平均主拉应变由卸载前 0.4×10^{-3} 剧增至约 3.0×10^{-3}。整煤岩沿卸载方向外凸变形,除卸载面与非卸载面交界处单元发生破坏外,其他位置未发生破坏。

这些结果表明:①处于初始平衡的煤岩,无论裂隙或完整结构,经历两侧完全卸载后,内部主压应力水平显著下降,幅度超过 50%。主拉应力分布范围扩大。卸载后基体应变以拉应变为主,中部区域较大,单元平均主拉应变显著增加,幅度超过 100%。两侧对称卸载导致煤岩沿卸载方向同时外凸变形,卸载面与非卸载面交界区的单元产生明显破坏。这些特征反映了两侧卸载模式对煤岩应力、应变分布和变形破坏行为的影响。②与完整煤岩相比,裂隙煤岩的应力、应变分布更不均匀。受裂隙和夹杂的影响,两侧完全卸载后裂隙煤岩主压应力降低的幅度以及主拉应力/主拉应变增加的幅度小于完整煤岩。裂隙结构使高主拉应力/主拉应变和单元破坏向裂隙周边和夹杂处集中,拉应力/拉应变偏离完整煤岩以中部为核心的轴对称模式。裂隙周边与夹杂处破坏更加明显,破坏单元相互连通,出现明显的"张型"开裂(裂缝张开、扩展并贯通)。这些特征反映出卸载时裂隙结构对煤岩应力、应变分布和变形破坏行为的影响。

(3)与两侧卸载相比,围压一侧卸载时(模式2)裂隙煤岩表现出不同的应力、应变分布与变形破坏特征。

一侧完全卸载时,卸载面一侧及附近夹杂、对侧非卸载面(外法线为 x 轴负方向)边角处、相邻非卸载面(外法线为 z 轴)以及裂隙周边出现主拉应力,对侧非卸载面以及煤岩中部区域呈现主压应力。与卸载前和两侧同时卸载相比,单侧卸载时主应力分布更不均匀,高主拉应力向卸载面和相邻非卸载面邻域偏移,高主压应力向对侧非卸面和中部区域集中,卸载面邻域内的夹杂和裂隙周边单元破坏严重。拉应力区单元的平均主拉应力约为 2.4MPa,与两侧同时卸载以及卸载前裂隙周边单元的平均主拉应力相当。压应力区单元的平均主压应力约为 5.8MPa,较两侧同时卸载时单元平均主压应力高约 16%,比卸载前基体平均主压应力低约 54%。变形方面,单侧卸载后基体仍主要分布主拉应变,与两侧同时卸载相比,高主拉应变区明显缩小,并向非卸载面一侧偏移;同时,高主压应变区扩大,向对侧非卸载面和中部区域集中,基体主应变分布更不均匀。拉应变区单元的平均主拉应变约为 3.0×10^{-3},较两侧卸载的平均主拉应变低约 14%,比卸载前平均主拉应变高约 1 倍。压应变区单元的平均主压应变约为 0.2×10^{-3},较卸载前和两侧同时卸载时的平均主压应变低约 33%。与两侧同时卸载相比,单侧卸载时,煤岩卸载面外凸变形且完全破坏,与相邻非卸载面交界处的单元也发生显著破坏,但内部裂隙和夹杂处单元的破坏程度未显著加剧。

与裂隙煤岩类似,完整煤岩单侧卸载时也表现出与双侧卸载时不同的应力、应变分布与变形破坏特征。单侧卸载时,完整煤岩主拉应力、主拉应变和主压应力、主压应变的分布特征与裂隙煤岩相似。但是,由于不含裂隙和夹杂,完整煤岩的主拉应力、主拉应变和主压应力、主压应变分布较规则,轴对称性较好。与两侧卸载相比,单侧卸载时完整煤岩主拉应力区范围扩大,主压应力区缩小。高主拉应力向卸载面和相邻非卸载面邻域偏移,高主压应力向对侧非卸载面和中部区域集中,主应力分布更不均匀。拉应力区单元的平均主拉应力约为 2.7MPa,与两侧同时卸载的平均主拉应力相当,较裂隙煤岩单侧卸载的平均主拉应力高约 13%。压应力区单元的平均主压应力约为 6.6MPa,比两侧卸载时的平均主压应力高约 65%,较卸载前的平均主压应力低约 37%,比裂隙煤岩单侧卸载时的平均主压应力高约 14%。这表明完整煤岩主压应力单侧卸载较双侧卸载增长的幅度高于裂隙煤岩主压应力增长的幅度,而主压应力单侧卸载较卸载前降低的程度小于裂隙煤岩降低的程度。该特征体现了裂隙结构对煤岩应力强度与分布性质的影响。变形方面,单侧卸载后煤岩全场分布不均匀主拉应变,高主拉应变分布在卸载面和相邻非卸载面邻域,低主拉应变则集中在对侧非卸载面和中部区域。平均主拉应变由卸载前 0.4×10^{-3} 显著提高至约 4.0×10^{-3},提高近 9 倍。与两侧卸载相比平均主拉应变提高约 33%。与双侧卸载相比,单侧卸载时完整煤岩主拉应变增加,而裂隙煤岩主拉应变降低;与卸载前相比,完整煤岩主拉应变增加的幅度远大于裂隙煤岩主拉应变增加的幅度,该特征体现出裂隙结构对煤岩主应变强度与分布性质的影响。破坏方面,由于没有裂隙和夹杂的影响,与卸载前和两侧卸载相比,完整煤岩单侧卸载时,卸载面外凸变形,卸载面及相邻非卸载面交界处单元破坏严重,内部单元没有发生破坏。

不同卸载方式下不同结构类型煤岩的力学响应表明:卸载方式从根本上决定了煤岩应力、应变分布与变形破坏的基本模式及特征,裂隙结构影响应力、应变分布的范围和变形破坏的位置与程度。

围压双侧卸载时,无论完整或裂隙煤岩,与卸载前相比,基体应力 σ_1 仍以压应力为主,中部区域主压应力逐渐降低,高主压应力向非卸载面邻域集中,主压应力区域缩小。同时,煤岩中部出现主拉应力集中,主拉应力区逐步扩大。变形方面,基体主要分布主拉应变,中部区域主拉应变较大。双侧卸载造成煤岩沿卸载面外凸变形,卸载面与非卸载面交界处严重破坏。裂隙与完整煤岩这些共同的特点反映了围压双侧卸载的作用,另一方面,受裂隙和夹杂的影响,完整煤岩主压应力和主拉应变分布的对称性消失,原均匀分布的主压应力和主拉应变呈非均匀分布,裂隙周边和夹杂处出现高主拉应力和主拉应变,加载面附近夹杂出现主压应变。随卸载程度增加煤岩内部裂隙和夹杂处的破坏逐步加剧。裂隙煤岩卸载前后基体的平均主压应力均明显高于完整煤岩。这些特征反映了裂隙结构对应力、应变分布和变形破坏的影响。

围压单侧卸载时,无论裂隙或完整煤岩,与双侧卸载相比,尽管基体应力 σ_1、应变 ε_1 仍以压应力和拉应变为主,但分布的非均匀程度明显增加。高主压应力/主压应变向对侧非卸面和中部区域集中(完整煤岩无主压应变显现,低主拉应变集中在对侧非卸面和中部区域),受压区的平均主压应力高于双侧卸载时的平均值。相比卸载前,单侧卸载时平均主压应力降低的幅度小于双侧卸载时降低的幅度。高主拉应力/主拉应变向卸载面和相邻非卸载面周边区域偏移,分布区域缩小。与双侧卸载相比,受拉区的平均主拉应力变化不大。单侧卸载造成煤岩沿卸载方向外凸变形,卸载面完全破坏。随卸载程度增加,卸载面与相邻非卸载面交界处破坏显著加剧,但内部基体或裂隙夹杂处的破坏并未显著增加。这些特点反映了单侧卸载方式对煤岩应力、应变及变形破坏行为的影响。另一方面,与双侧卸载类似,裂隙煤岩内部裂隙和夹杂破坏了单侧卸载时完整煤岩应力、应变分布的对称性,使裂隙周边出现主拉应力/主拉应变集中、夹杂处产生高主压应变集中。相比完整煤岩,裂隙煤岩主压应变区域明显扩大。受裂隙结构影响,与卸载前相比,裂隙煤岩单侧卸载后的平均主拉应力增加的幅度显著低于完整煤岩增加的幅度,平均主压应力降低的幅度大于完整煤岩降低的幅度。这些特征体现出裂隙结构对围压单侧卸载时应力、应变分布和变形破坏行为的影响。

6.3.2　单元耗散能与可释放应变能的特征

研究表明[11,12],岩石变形破坏实质上是其内部单元能量耗散与能量释放的综合结果,能量耗散是岩石性能损伤劣化和强度丧失的内在原因,能量释放是引发岩石突然破坏的内在驱动力。因此,煤岩耗散能与可释放应变能的特征可以定量地解析卸载模式和裂隙结构对煤岩变形破坏行为的控制及影响。

假设任意单元在应力作用下产生变形,该物理过程与外界没有热交换(即封闭系统),外力做功产生的总输入能量为 U,由热力学第一定律有

$$U = U^d + U^e \tag{6.6}$$

式中,U^d 为单元因不可逆变形或损伤而耗散掉的应变能;U^e 为储存在单元中可释放的弹性应变能。

根据能量理论,主应力空间中煤岩任意单元各部分能量可表示为[12,13]

$$U = \int_0^{\varepsilon_1} \sigma_1 \mathrm{d}\varepsilon_1 + \int_0^{\varepsilon_2} \sigma_2 \mathrm{d}\varepsilon_2 + \int_0^{\varepsilon_3} \sigma_3 \mathrm{d}\varepsilon_3 \tag{6.7}$$

$$U^e = \frac{1}{2}\sigma_i \varepsilon_i^e \tag{6.8}$$

$$\varepsilon_i^e = \frac{1}{E_i}\left[\sigma_i - \nu_i(\sigma_j + \sigma_k)\right] \tag{6.9}$$

式中,U 为主应力 $\sigma_i(i=1,2,3)$ 在主应变 $\varepsilon_i(i=1,2,3)$ 方向上的总应变能;ε_i^e 为主应力方向上的弹性应变;ν_i 为同方向泊松比;下角标 i、j、k 表示 3 个正交的主轴方向($i,j,k=1,2,3$)。

采用 Einstein 求和约定可得

$$U^d = U - U^e = \int_0^{\varepsilon_i} \sigma_i \mathrm{d}\varepsilon_i - \frac{1}{2}\sigma_i \varepsilon_i^e \tag{6.10}$$

当煤岩单元发生损伤(如张拉开裂)或不可逆塑性变形(如压剪滑移)而导致单元破坏时,该单元强度丧失,耗散能 U^d 达到临界值。令 U_c^d 表示单元强度丧失时的临界耗散能,该值与单元材料性质有关,在微观尺度上反映材料分子间抵抗破坏的能力。为了揭示能量耗散、能量释放与煤岩损伤破坏之间的联系,图 6.9、图 6.10 给出了初始及不同卸载状态下裂隙煤岩破坏位置处可释放弹性应变能 U^e 与单元的耗散能 U^d 的计算结果。

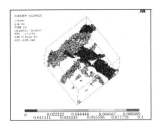

（a）初始状态

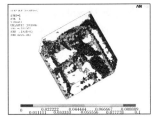

（b）按模式 1 完全卸载

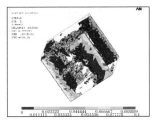

（c）按模式 2 完全卸载

图 6.9　裂隙煤岩破坏单元的可释放弹性应变能的空间分布（见彩图 6.9）

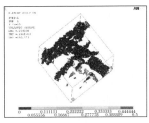

（a）初始状态

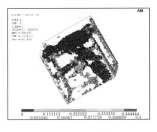

（b）按模式 1 完全卸载

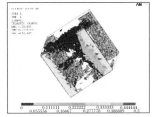

（c）按模式 2 完全卸载

图 6.10　裂隙煤岩破坏单元的耗散能的空间分布（见彩图 6.10）

计算结果表明：

（1）裂隙煤岩和夹杂周边单元的耗散能 U^d 水平较低，卸载面与相邻非卸载面交界处、卸载面与加载面交界处单元的耗散能 U^d 水平较高。这说明裂隙、夹杂与基体交界面处单元在拉-剪应力状态下的抗剪强度较低，易发生剪切滑移，临界耗散能 $(U_c^d)_i$ 较小，单元破坏需要消耗的能量较少。而基体单元在主压应力或主拉应力作用下的抗压和抗拉强度较高，单元临界耗散能 $(U_c^d)_i$ 较大，损伤破坏需要消耗较多的能量。

（2）随卸载程度增加，与卸载前相比，裂隙和夹杂周边单元的可释放弹性应变能 U^e 略有变化，但不显著，可释放应变能的变化主要集中在卸载面与相邻非卸载面交界处以及卸载面与加载面交界处单元上。裂隙和夹杂周边单元的可释放弹性应变能 U^e 水平较低，卸载面与相邻非卸载面交界处、卸载面与加载面交界处单元的可释放弹性应变能 U^e 水平较高。这些特点表明由于弹性能突然释放而引发的煤岩张拉破坏主要发生在卸载面周边区域，即沿主压应力最小值的面发生破坏。这与文献[12,13]的岩石损伤破坏能量准则相一致。

（3）从破坏单元的数目和能量分布的特点来看，无论单侧或双侧卸载，煤岩绝大部分破坏发生在裂隙和夹杂区域，其机理主要为单元塑性滑移、消耗能量诱发损伤破坏。另一部分破坏发生在卸载面周边区域，其机理主要为单元储存的弹性应变能突然释放导致卸载面及周边邻域破坏。随卸载程度增加,单侧卸载时卸载面及周边邻域破坏的程度和速度明显高于双侧卸载,该结果体现了卸载方式对裂隙煤岩能量分布和单元损伤破坏的不同影响。

6.4　本章小结

本章在裂隙煤岩三维有限元模型基础上,采用单元生死技术追踪显示和分析了卸荷过程中裂隙煤岩的应力场和应变场的变化、破坏区域及空间分布、单元能量耗散及能量释放的规律,探讨了卸载模式和裂隙对煤岩力学响应及破坏机制的影响。卸载模式决定了煤岩应力、应变分布与变形破坏的基本模式和特征,裂隙结构影响煤岩应力、应变分布的范围和变形破坏的位置与程度。围压单侧或双侧卸载时,无论裂隙或完整煤岩,围压分步完全卸除后煤岩最终的应力、应变分布和变形破坏特征,除局部微小差异外,与围压一次完全卸载时的特征基本一致。裂隙煤岩绝大部分单元破坏集中在裂隙和夹杂区域,单元耗散能水平较低,随卸载程度增加可释放弹性应变能变化不显著,破坏机理主要为单元塑性滑移而消耗能量诱发破坏。另一部分单元破坏发生在卸载面及其周边邻域,破坏程度显著,单元的可释放弹性应变能水平较高,破坏机理主要为单元储存的弹性应变能突然释放导致卸载面及周边邻域破坏。弹性能突然释放引发的煤岩张拉破坏主要发生在卸载面周边区域,即沿主压应力最小值的面。随卸载程度增加,单侧卸载时卸载面及周边邻域破坏的程度和速度明显高于双侧卸载时。

参 考 文 献

[1] 姜耀东,赵毅鑫,刘文岗,等. 煤岩冲击失稳的机理和实验研究[M]. 北京:科学出版社,2009.

[2] 谢和平,彭苏萍,何满潮. 深部开采基础理论与工程实践[M]. 北京:科学出版社,2006.

[3] 袁亮. 低透气性煤层群无煤柱煤气共采理论与实践[J]. 中国工程科学,2009,11(5):72—80.

[4] 王家臣,范志忠. 厚煤层煤与瓦斯共采的关键问题[J]. 煤炭科学技术,2008,36(2):1—5.

[5] 李树刚,钱鸣高,许家林,等. 对我国煤层与瓦斯共采的几点思考[J]. 煤,1999,8(2):4—6.

[6] 申卫兵,张保平. 不同煤阶煤岩力学参数测试[J]. 岩石力学与工程学报,2000,19(S):860—862.

[7] 李宏哲,夏才初,王晓东,等. 含节理大理岩变形和强度特性的试验研究[J]. 岩石力学与工程学报,2008,27(10):2118—2123.

[8] 杨圣奇,温森,李良权. 不同围压下断续预制裂纹粗晶大理岩变形和强度特性的试验研究[J]. 岩石力学与工程学报,2007,26(8):1572—1587.

[9] 卢允德,葛修润,蒋宇,等. 大理岩常规三轴压缩全过程试验和本构方程的研究[J]. 岩石力

学与工程学报,2004,23(15):2489-2493.

[10] De Bresser J H P,Evans B,Renner J. On estimating the strength of calcite rocks under natural conditions [J]. Geological Society,2002,200(1):309-329.

[11] 孙华飞,杨永明,鞠杨,等. 开挖卸荷条件下煤岩变形破坏与能量释放的数值分析[J]. 煤炭学报,2014,39(2):258-272.

[12] 谢和平,鞠杨,黎立云. 基于能量耗散与释放原理的岩石强度与整体破坏准则[J]. 岩石力学与工程学报,2005,24(17):3033-3010.

[13] 谢和平,鞠杨,黎立云,等. 岩体变形破坏过程的能量机制[J]. 岩石力学与工程学报,2008,27(9):1729-1740.

第7章 温度对孔隙岩石力学性能的影响

温度对岩石的物理、力学和化学性质有着重要的影响,如何确保温度作用下岩体工程的稳定与安全是煤矿开采、土木工程、能源储运以及油气勘探等工程领域中一个十分重要的问题,例如高放射性核废料地质贮存、深部煤炭地下气化、地热资源开发和利用以及石油及天然气的地下存储等工程中,都需要考虑温度作用下岩石物理力学性质的影响[1~5]。只有充分认识温度对岩石力学性能的影响规律,才能科学有效地确保在温度作用下岩体工程的长期稳定性和安全性。

目前,国内外学者相继开展了许多关于温度对岩石力学性质影响的研究,主要集中在温度对岩石宏观基本力学参数与温度的影响,如变形模量、泊松比、抗压强度、抗压强度、内聚力、内摩擦角、黏度、热膨胀系数及渗透性等[6~12]。这些研究为帮助人们理解和认识温度对岩石物理力学性能的影响规律,提高岩土工程结构的安全性和稳定性创造了条件。然而,值得注意的是,天然岩石或岩体原始存在着大量几何不规则、跨尺度分布的孔隙或孔洞(例如煤系地层中含气或含水的石灰岩,顶底板砂岩,白云岩,凝灰岩和玄武岩等),孔隙率在 5%~35% 之间不等,从理论上讲,温度作用引起孔隙的变形、连通以及闭合等物理行为会显著影响孔隙岩石或岩体的力学性质。因此,基于宏观物理力学性能来研究温度作用的影响,无法定量解析温度作用下岩石内部孔隙结构的变化及其对宏观物理力学性质的影响,从而无法揭示岩土工程结构在温度作用下失稳破坏的内在机理。众所周知,经过长期地质条件的作用,天然岩石矿物组成和内部孔隙结构复杂多变,即使采样局限在很小的尺度范围内,天然岩石固体相的物理力学性质、孔隙结构的分布特征和几何形貌也会有较大差别,很难获得除孔隙结构特征不同之外其他物性参数相同的岩石或岩体样本。从理论上讲,在固体相的物理力学性质不变的前提下,温度对岩石物理力学性质的影响与孔隙的数量、大小、形状、分布以及连通性等因素有关,任何一种因素的变化都有可能导致温度作用下孔隙岩石力学性质的改变。这给开展对比研究和识别温度对孔隙岩石物理性能的影响造成很大的困难。

7.1 孔隙岩心制备

为了从单一影响因素(即孔隙率)入手来讨论温度作用后孔隙结构对岩石力学性能的影响,利用相似材料制备人工孔隙岩芯。详细的制作方法和工艺参考5.2节。下面简单介绍一下人工孔隙岩芯的制备过程。

　　和第 5 章制作方法类似,同样采用水泥砂浆和聚苯乙烯颗粒分别来模拟岩石的固相介质和孔隙部分。水泥砂浆的主要成分有:水泥、石英砂、水、减水剂等,每立方米所需材料具体配比如表 7.1 所示。共选取了 6 种粒径的聚苯乙烯颗粒来模拟孔隙,平均直径分别为 1.5mm、2.6mm、3.2mm、4.5mm、5.1mm、6.8mm,如图 7.1 所示。共制作了四种孔隙率的圆柱体试件,高为 100mm,直径为 50mm,孔隙率分别为 3%、7%、15% 和 23%,如图 7.2 所示。

表 7.1　水泥砂浆材料配比

水灰比	水泥/kg	石英砂/kg	减水剂/mL	水/mL
0.24	974.58	1091.53	24325.24	217445.78

(a) 1.5mm　　　　　　　(b) 2.6mm　　　　　　　(c) 3.2mm

(d) 4.5mm　　　　　　　(e) 5.1mm　　　　　　　(f) 6.8mm

图 7.1　聚苯乙烯颗粒

(a) 孔隙率为 3%　　　　　　　　　　　　(b) 孔隙率为 7%

　　　(c) 孔隙率为15%　　　　　　　　　(d) 孔隙率为23%

图 7.2　孔隙岩石物理模型

7.1.1　孔径分布

　　天然砂岩孔隙尺寸服从指数分布函数,所测样品孔隙率平均值为23.3%。采用统计方法,对物理模型的孔隙尺寸分布进行了统计分析,表7.2给出了四种孔隙率圆柱体物理模型中聚苯乙烯颗粒各个级配颗粒数量,图7.3绘出了每种孔隙率下模型孔径(聚苯乙烯颗粒尺寸)的分布规律,同时给出了分布函数的具体表达式$g(r)$:

$$g(r) = a\exp\left(-\frac{r}{b}\right) + c \tag{7.1}$$

式中,a、b和c为统计参数,取值$a=1.55523$、$b=1.39477$、$c=-0.0075$。

　　可以看出,孔隙模型中孔径分布与天然砂岩中真实孔径的分布规律一致。

表 7.2　孔隙大小分布数据

孔隙率 /%		孔径/mm					
		1.5mm	2.6mm	3.2mm	4.5mm	5.1mm	6.5mm
3	个数	292	130	83	31	19	3
	概率	0.5233	0.2330	0.1487	0.0556	0.0341	0.0054
7	个数	680	303	194	71	44	8
	概率	0.5231	0.2331	0.1492	0.0546	0.0338	0.0062
15	个数	1458	650	415	153	93	16
	概率	0.5235	0.2334	0.1490	0.0549	0.0334	0.0057
23	个数	2235	996	637	234	142	25
	概率	0.5235	0.2333	0.1492	0.0548	0.0333	0.0059

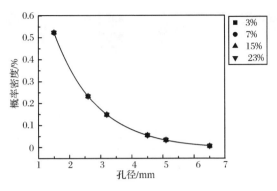

图 7.3 物理模型孔径分布拟合曲线

7.1.2 孔隙位置空间分布

对四种不同孔隙率的试件逐一进行 CT 扫描,将获取的二维 CT 图像沿着周向等间隔分成 20 个等分扇形区,通过每个扇形区的孔隙像素计算该扇形区对应的孔隙个数,即可得到每个扇形区内孔隙个数所占整个图像孔隙总个数的比例,即孔隙数量沿周向分布概率密度。考虑到聚苯乙烯颗粒最小直径为 1.5mm,最大直径为 6.8mm,试件的高为 100mm,为确保 CT 扫描没有遗漏孔隙,每个试件从上到下沿高度方向,每间隔 0.5mm 扫描一层,总共扫描 200 层。从中挑选了 7 层作为代表层用来统计孔隙在数量在空间上的分布,编号分别为 17#、45#、73#、101#、129#、157# 和 186#。图 7.4 给出了四种孔隙率试样同一扫描层(同为第 101 扫描层)二值化之后的 CT 图像,图中的小黑点为聚苯乙烯颗粒,即物理模型中的孔隙。

图 7.5～图 7.8 给出了四种不同孔隙率物理模型代表层孔隙数量沿周向分布曲线,即孔隙数量在空间位置上的分布曲线。

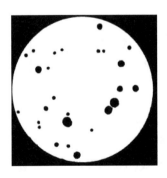

(a) 孔隙率为 3%   (b) 孔隙率为 7%

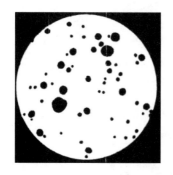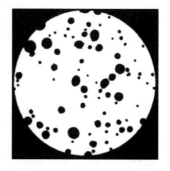

(c) 孔隙率为 15%　　　　　　　　　(d) 孔隙率为 23%

图 7.4　二值化后的 CT 扫面图像(同为第 101 扫描层)

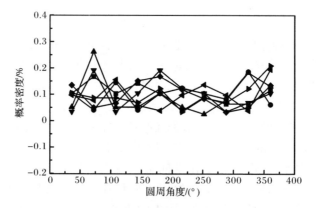

图 7.5　孔隙数量分布曲线(孔隙率为 3%)

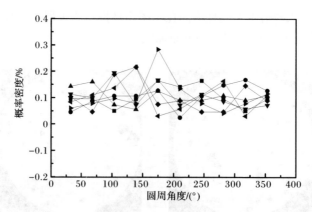

图 7.6　孔隙数量分布曲线(孔隙率为 7%)

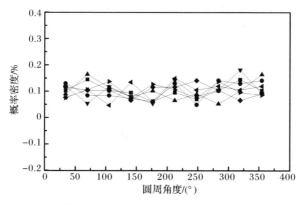

图 7.7 孔隙数量分布曲线(孔隙率为 15%)

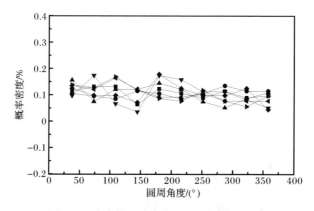

图 7.8 孔隙数量分布曲线(孔隙率为 23%)

结果表明:

(1) 不同孔隙率试件各扫描层的孔隙数量在空间上基本满足均匀分布,当孔隙率为 3% 和 7% 时,试件的孔隙数量分布有一定程度的离散,但当孔隙率增加到 15% 和 23% 时,试件的孔隙数量分布都能较好地服从均匀分布。随着孔隙数量增多,其分布愈加接近于直线分布,该结果与天然砂岩孔隙数量在空间上的分布规律一致[13]。

(2) 不同孔隙率试件各扫描层的孔隙间距较好地服从高斯分布。孔隙率较低时,分布有一定程度的离散,当孔隙率达到 15% 以上时,孔隙间距满足高斯分布。

7.1.3 孔隙间距分布

对不同孔隙率试件各层所有孔隙的间距进行了统计分析。通过每层二值化 CT 图像计算出该层所有孔隙的形心坐标,作为孔隙的位置坐标,由于试件尺寸直径为 50mm,所以平面内任意两个孔隙之间的距离范围为 0～50mm ,根据这个范围,将孔隙间距分成 10 等分,即 5mm、10mm、15mm、…、50mm,通过编程计算落入每个区间范围内的孔隙间距数,即该扫描层孔隙间距概率密度。同样选取 7 层图像作为代表层,图 7.9～图 7.12 为四种孔隙率试件代表层孔隙间距分布曲线。

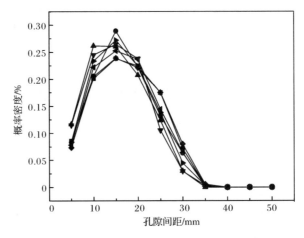

图 7.9　孔隙间距分布曲线(孔隙率为 3%)

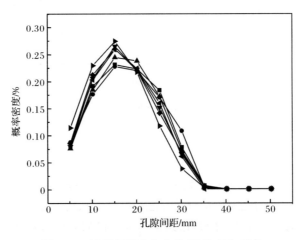

图 7.10　孔隙间距分布曲线(孔隙率为 7%)

　　四种孔隙率物理模型各扫描层的孔隙间距较好地服从高斯分布。孔隙率较低时,分布有一定程度的离散,当孔隙率达到 15% 和 23% 时,孔隙间距非常接近高斯分布。这表明:随着孔隙率的增加,孔隙数目增多,孔隙间距更好地满足高斯分布。

　　四种孔隙率所有试件孔隙间距的概率密度函数可以用统一的公式描述:

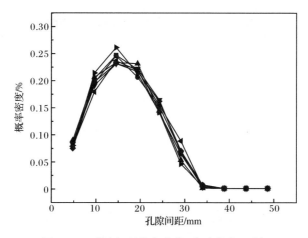

图 7.11　孔隙间距分布曲线(孔隙率为 15%)

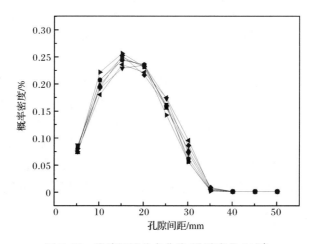

图 7.12　孔隙间距分布曲线(孔隙率为 23%)

$$y(l) = y_0(l) + \left(\frac{A}{B\sqrt{\frac{\pi}{2}}}\right)\exp\left[-2\left(\frac{l-l_0}{B}\right)^2\right] \tag{7.2}$$

式中，y_0、l_0、A 和 B 为待定参数；l 为孔隙间距。

　　式(7.2)中的参数可以通过分布函数拟合计算求得，对四种孔隙率试件 7 层代表层的孔隙间距分布曲线进行拟合，得到四种孔隙率试件的 y_0、l_0、A 和 B 平均值，结果如表 7.3 所示。随着孔隙率的增加，孔隙间距分布函数中的参数也随着增大，这与天然砂岩孔隙间距分布函数的规律是一致的[13]。

表 7.3　不同孔隙率试件的孔隙间距分布参数

孔隙率/%	y_0	l_0	A	B
3	−0.016	21.50	5.87	23.23
7	−0.026	22.55	6.55	25.44
15	−0.048	22.88	7.87	27.54
23	−0.020	22.73	6.80	25.95

7.2　温 度 试 验

采用先加温后加载的方式分析孔隙岩石物理模型的力学性能随温度变化的规律。加温装置如图 7.13 所示。加温过程分为两个阶段,即升温和保温,从初始温度(室温)按 4℃/min 的升温速率升到预定试验温度,为了使整个模型试件受热均匀,然后恒温 3h,最后自然冷却。图 7.14 给出了升温曲线。根据以往研究,可以看出在 200～300℃之间,是温度影响岩石力学性能的门槛值范围,选取了 5 个试验温度点,分别为 20℃(室温)、100℃、150℃、200℃和 280℃。为了方便表示,将作用不同温度点的不同孔隙率试件分别编号,编号规则如下:20℃(室温)下四种孔隙率试件以 3-1、7-1、15-1 和 23-1 表示,经 100℃作用后的试件用 3-2、7-2、15-2 和 23-2 表示,经 150℃作用后的试件以 3-3、7-3、15-3 和 23-3 表示,经 200℃作用后的试件以 3-4、7-4、15-4 和 23-4 表示,经 280℃作用后的试件以 3-5、7-5、15-15 和 23-5 表示,如表 7.4 所示。为了消除试验数据的离散性,得到可靠的试验结果,对经历同一温度点作用下的同一种孔隙率物理模型分别重复制作了 3 个,对试验结果取平均值。

图 7.13　高温箱

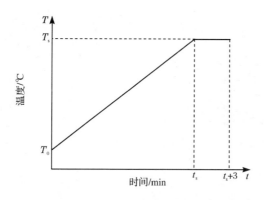

图 7.14　升温曲线

T_0. 初始温度；T_s. 试验温度

表 7.4　物理模型样品的编号规则

孔隙率/%	20℃	100℃	150℃	200℃	280℃
3	3-1	3-2	3-3	3-4	3-5
7	7-1	7-2	7-3	7-4	7-5
15	15-1	15-2	15-3	15-4	15-5
23	23-1	23-2	23-3	23-4	23-5

7.3　高温下孔隙岩石单轴压缩试验

单轴压缩试验采用的 TAW-2000 电液伺服岩石三轴试验机，如图 7.15 所示。采用变形控制的加载方式，加载速率为 0.02mm/min，分别对经过 5 个温度点作用后的不同孔隙率物理模型进行单轴压缩试验，测量其各种力学参数如抗压强度、弹性模量和泊松比等随温度的变化值[13]。图 7.16～图 7.19 给出了四种孔隙率的物理模型在经历 5 个温度点作用后的单轴压缩应力-应变曲线。表 7.5 给出了不同孔隙率试件在经历不同温度点后的各力学参数的实测值，表中每个值均为多组试件测试结果的平均值。

图 7.15 电液伺服岩石三轴试验机

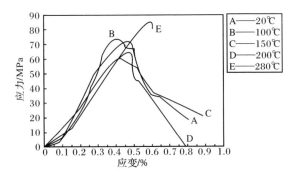

图 7.16 高温下孔隙岩石单轴压缩应力-应变曲线（孔隙率为 3%）

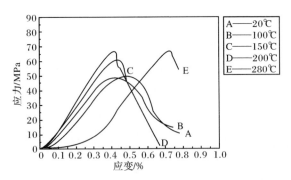

图 7.17 高温下孔隙岩石单轴压缩应力-应变曲线（孔隙率为 7%）

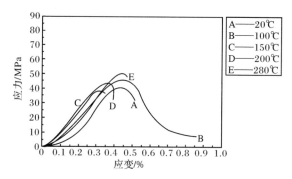

图 7.18　高温下孔隙岩石单轴压缩应力-应变曲线(孔隙率为 15%)

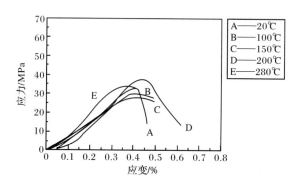

图 7.19　高温下孔隙岩石单轴压缩应力-应变曲线(孔隙率为 23%)

表 7.5　四种孔隙率物理模型抗压强度、弹性模量和泊松比的试验值

孔隙率/%	温度点/℃	抗压强度/MPa	弹性模量/GPa	泊松比
	20	62.68	19.52	0.25
	100	65.34	18.73	0.24
3	150	63.43	17.23	0.24
	200	63.76	16.77	0.27
	280	69.58	16.69	0.22
	20	43.84	16.76	0.23
	100	53.63	17.48	0.26
7	150	59.83	17.65	0.23
	200	64.52	14.55	0.27
	280	63.98	14.79	0.22

续表

孔隙率/%	温度点/℃	抗压强度/MPa	弹性模量/GPa	泊松比
15	20	40.27	15.90	0.21
	100	45.05	14.82	0.28
	150	42.71	17.50	0.24
	200	44.05	14.76	0.23
	280	46.40	14.09	0.25
23	20	30.90	12.90	0.20
	100	33.07	10.46	0.26
	150	23.75	7.96	0.26
	200	33.02	10.27	0.27
	280	35.91	9.71	0.25

7.4　试验结果分析

通过试验分析了在经历不同温度作用后,孔隙率对物理模型的抗压强度、弹性模量以及泊松比的影响,并给出了抗压强度、弹性模量和泊松比随温度及孔隙率变化的关系曲线。

7.4.1　温度作用下孔隙率对抗压强度的影响

首先分析经历不同温度作用后孔隙率对抗压强度的影响,图 7.20 给出了经历 5 个温度点作用后不同孔隙率模型的抗压强度的变化曲线。

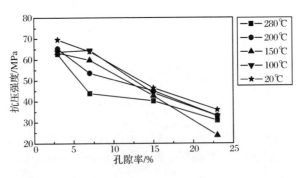

(a) 抗压强度与孔隙率的关系

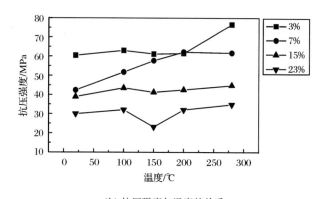

（b）抗压强度与温度的关系

图 7.20　抗压强度与温度及孔隙率的关系

对于同一温度条件下，物理模型的抗压强度随着孔隙率的增加基本呈递减的趋势，在常温状态下（20℃），抗压强度呈指数递减的趋势，孔隙率从 3％增加到 23％，最大下降幅度为 50.7％；在 100℃作用下，抗压强度呈近似直线的递减趋势，最大降幅为 49.4％；经历 150℃作用后，抗拉强度也呈近似直线的递减趋势，最大降幅为 62.6％，经历 200℃作用后，孔隙率从 3％到 7％，抗压强度值略有所上升，涨幅为 2％，随后呈直线递减，最大降幅为 48.2％；当经历 280℃作用后，抗压强度随温度的变化趋势和在常温状态下类似，呈指数递减趋势，最大降幅为 48.4％。由此可见，从低孔隙率变为高孔隙率，除 150℃作用之外，物理模型的抗压强度最大下降幅度均为 50％，而在 150℃作用下，其最大下降幅度则增加为 62.6％，抗压强度下降幅度的最大值出现在 150℃作用时。

对于同一种孔隙率的物理模型，随着作用温度的升高抗压强度基本都呈上升的趋势。当当孔隙率为 3％和 7％时，上升幅度较大，其最大涨幅分别为 26.9％和 31.5％，平均最大涨幅为 29.2％。对于孔隙率为 15％和 23％时，上升趋势较为平缓，其最大涨幅分别为 13.2％和 14％，平均最大涨幅为 13.6％。由此可见随着孔隙率的增大，温度作用对物理模型抗拉强度的影响逐渐减弱。而在经历 150℃作用后，孔隙率为 3％、15％和 23％的物理模型的抗压强度则有所下降。

7.4.2　温度作用下孔隙率对弹性模量的影响

图 7.21 给出了经历 5 个温度点作用后不同孔隙率模型的弹性模量的变化曲线。

物理模型的弹性模量在同一温度点条件作用下，除 150℃作用之外，随着孔隙率的增加基本都呈下降的趋势。在常温（20℃）初始状态下，孔隙率从 3％增加到

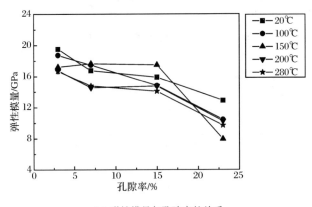

（a）弹性模量与孔隙率的关系

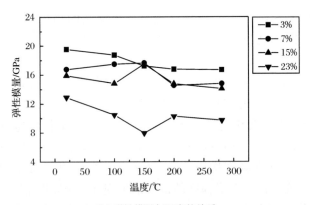

（b）弹性模量与温度的关系

图 7.21　弹性模量与温度及孔隙率的关系

7%以及从 15%增加到 23%时,物理模型的弹性模量下降幅度较大,平均降幅为 19.9%。;而孔隙率从 7%增加到 15%时,在 100℃温度条件下,弹性模量的下降趋势较为缓慢,下降幅度为 10.2%;在 200℃和 280℃温度条件下,弹性模量值略微有所上升,平均上升幅度为 3.1%。总体来说,孔隙率从 3%增加到 23%,在经历 5 种不同温度条件作用后,物理模型弹性模量的下降幅度分别为 33.9%、44.2%、54.9%、38.8%和 41.8%,其中下降幅度最大值出现在 150℃作用后。当经历 150℃作用后其变化规律有所不同,孔隙率从 3%增加到 15%时,弹性模量变化不大,变化幅度在 2.4%之内。当孔隙率从 15%增加到 23%时,弹性模量急剧下降,下降幅度为 54.5%。随着孔隙率的增加,物理模型的弹性模量下降幅度最大值出现在 150℃作用后,其下降幅度为 54.9%。

对于同一孔隙率模型,随着作用温度的升高,弹性模量基本都呈下降趋势,最小值均出现在 280℃ 处,而孔隙率为 23% 物理模型的最小值则出现在 150℃ 处,孔隙率为 7% 和 15% 模型的弹性模量在经历 150℃ 作用后,弹性模量值有所上升,并出现最大值。四种孔隙率随着作用温度点的升高,弹性模量下降幅度分别为 14.5%、16.2%、15.7% 和 24.7%,下降平均幅度为 17.8%。

7.4.3 温度作用下孔隙率对泊松比的影响

图 7.22 给出了经历 5 个温度点作用后不同孔隙率模型的泊松比的变化曲线。

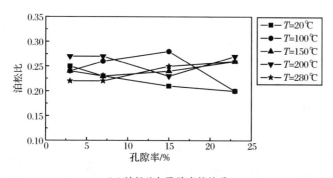

(a) 泊松比与孔隙率的关系

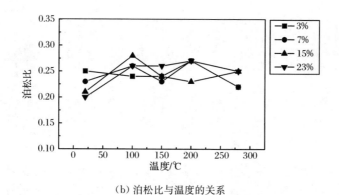

(b) 泊松比与温度的关系

图 7.22 泊松比与温度及孔隙率的关系

温度作用对物理模型泊松比的影响作用不明显。只有在常温状态下(20℃),随着孔隙率的增加,泊松比呈下降的趋势,在其他温度条件下,泊松比随孔隙率的变化没有明显的改变。由此分析,温度作用对物理模型泊松比的影响不明显。

7.5　温度作用下孔隙微观结构的演化分析

引入离心率 e 参数[13]，统计了在不同温度条件下物理模型所有横截面孔隙离心率的大小，对比了不同温度条件下物理模型孔隙数量和离心率的变化，从岩石内部孔隙数量和几何形态在温度作用下的演化规律角度入手，揭示了在温度荷载条件下孔隙岩石变形破坏的力学机制。

首先利用 CT 扫描试验，获取不同温度下物理模型孔隙结构信息，考虑到物理模型中聚苯乙烯颗粒最小直径为 1.5mm，最大直径为 6.8mm，试件的高为 100mm，为确保 CT 扫描没有遗漏孔隙，每个试件从上到下沿高度方向，每间隔 0.5mm 扫描一层，总共扫描 200 层，图 7.23～图 7.27 给出了不同温度下四种孔隙率物理模型代表层的 CT 扫描图像，所有图中从上到下孔隙率分别为 3%、7%、15% 和 23%，从左到右分别为同一孔隙率样品的第 17 层、第 45 层、第 73 层、第 101 层和第 129 层代表层。

图 7.23　常温（20℃）条件下不同孔隙率试件内部孔隙结构的 CT 图像

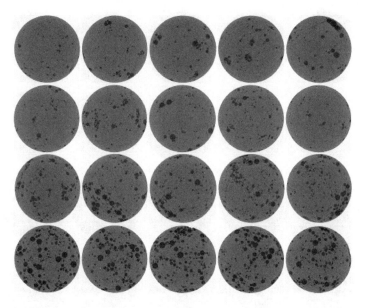

图 7.24　100℃条件下不同孔隙率试件内部孔隙结构的 CT 图像

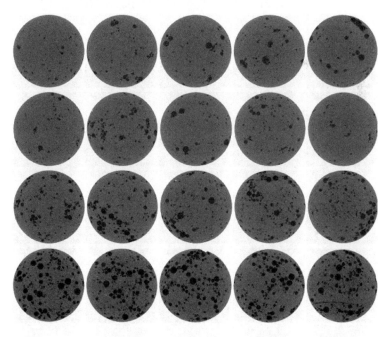

图 7.25　150℃条件下不同孔隙率试件内部孔隙结构的 CT 图像

图 7.26　200℃条件下不同孔隙率试件内部孔隙结构的 CT 图像

图 7.27　280℃条件下不同孔隙率试件内部孔隙结构的 CT 图像

CT 图像扫描精度为 1024×1024，由于采用 16 位字节表示，因而 CT 图像灰度级数的变化范围为 2^{16}，足以识别孔隙和周围固体相介质的微细变化。为了定量地说明温度作用下孔隙和周围固体介质可能出现的变形或破裂，利用自编程序将 200 层孔隙 CT 图像量化。通过像素点灰度的阈值分割界定出孔隙，然后计算出温度作用下试件代表层中的孔隙数量和孔隙的离心率 e，并与常温下（20℃）试件对应层的孔隙数量和离心率初始值 e_{ini} 进行对比。

表 7.6 列出了不同温度作用下试件 200 层中孔隙离心率的平均值和标准差，不同孔隙率模型中孔隙的初始离心率是对每一种孔隙率试件 200 层中各层孔隙离心率的平均值取平均得到的。从表 7.6 可以看出，四种孔隙率模型试件的孔隙初始离心率基本相同，约为 0.55～0.58，平均值为 0.56，表明孔隙基本上为椭圆形。

表 7.6　不同温度作用下试件 200 层中孔隙离心率的平均值和标准差

孔隙离心率 e		20℃		100℃		150℃		200℃		280℃	
		e_{ini}	/%	e	/%	e	/%	e	/%	e	/%
3%	平均值	0.5535	0	0.5590	0.99	0.5610	1.4	0.5703	3	0.5744	3.8
	标准差	0.08	—	0.0103	—	0.0064	—	0.0073	—	0.0070	—
7%	平均值	0.5615	0	0.5676	1.1	0.5686	1.3	0.5678	1.2	0.5649	0.6
	标准差	0.0134	—	0.0162	—	0.0106	—	0.0128	—	0.0112	—
15%	平均值	0.5818	0	0.5859	0.7	0.5914	1.7	0.5924	1.8	0.5892	1.3
	标准差	0.0059	—	0.0051	—	0.0029	—	0.0037	—	0.0055	—
23%	平均值	0.5568	0	0.5592	0.43	0.5660	1.7	0.5642	1.3	0.5798	4.1
	标准差	0.036	—	0.0062	—	0.0063	—	0.0037	—	0.0101	—

表 7.7 给出了不同温度下试件代表层中孔隙的离心率 e。表 7.8 给出了不同孔隙率试件在不同温度作用下代表层中以初始离心率 $e_{ini}=0.56$ 为界的孔隙数目的变化情况。

表 7.7　不同温度下试件代表层中孔隙的离心率 e

孔隙离心率 e		20℃	100℃	150℃	200℃	280℃
3%	17#	0.5595	0.5820	0.5675	0.6000	0.5959
	45#	0.5820	0.5584	0.5728	0.5578	0.5645
	73#	0.5262	0.5460	0.5700	0.5672	0.5842
	101#	0.5498	0.5234	0.5336	0.5534	0.5505
	129#	0.5501	0.5849	0.5610	0.5729	0.5767
	平均值	0.5535	0.5590	0.5610	0.5703	0.5744

孔隙离心率 e		20℃	100℃	150℃	200℃	280℃
	17#	0.5167	0.5125	0.5548	0.5165	0.5421
	45#	0.5852	0.6045	0.6145	0.5970	0.5722
7%	73#	0.5442	0.5722	0.5647	0.5924	0.5301
	101#	0.5596	0.5423	0.5626	0.5682	0.5839
	129#	0.6020	0.6065	0.5466	0.5647	0.5960
	平均值	0.5615	0.5676	0.5686	0.5678	0.5649
	17#	0.5935	0.5831	0.5990	0.5942	0.5936
	45#	0.5758	0.5807	0.5833	0.5892	0.5848
15%	73#	0.5654	0.5740	0.5918	0.5854	0.5675
	101#	0.6010	0.6078	0.5983	0.6075	0.6014
	129#	0.5734	0.5841	0.5848	0.5855	0.5985
	平均值	0.5818	0.5859	0.5914	0.5924	0.5892
	17#	0.5436	0.5524	0.5421	0.5647	0.5721
	45#	0.5682	0.5537	0.5682	0.5659	0.5666
23%	73#	0.5547	0.5467	0.5647	0.5598	0.5567
	101#	0.5564	0.5861	0.5865	0.5780	0.6218
	129#	0.5610	0.5572	0.5680	0.5525	0.5818
	平均值	0.5568	0.5592	0.5660	0.5642	0.5798

表7.8　不同孔隙率试件不同温度作用下代表层中以初始离心率
$e_{ini}=0.56$ 为界的孔隙数目的变化

孔隙率 /%	扫描层和孔隙数	20℃		100℃		150℃		200℃		280℃	
		$e<$ 0.56	$e>$ 0.56	$e<$ 0.56	$e>$ 0.56	$e<$ 0.56	$e>$ 0.56	$e<$ 0.56	$e>$ 0.56	$e<$ 0.56	$e>$ 0.56
3	17#	25	19	25	24	28	26	25	28	22	20
	45#	21	26	25	25	30	28	30	26	31	22
	扫描层 73#	22	15	23	17	20	22	20	24	22	29
	101#	27	29	23	24	20	21	33	27	26	33
	129#	33	23	28	30	28	27	38	37	22	25
	孔隙总数	128	122	124	120	126	124	146	142	123	129
		240		244		250		248		252	
	变化率/%	—		1.7		4.2		3.3		4.8	

续表

孔隙率/%	扫描层和孔隙数	20℃ e<0.56	20℃ e>0.56	100℃ e<0.56	100℃ e>0.56	150℃ e<0.56	150℃ e>0.56	200℃ e<0.56	200℃ e>0.56	280℃ e<0.56	280℃ e>0.56
7	17#	57	34	41	27	32	27	33	21	36	27
	45#	33	33	32	35	35	40	39	32	41	36
	73#	24	26	25	28	28	27	21	30	34	31
	101#	36	33	42	30	41	37	39	39	35	44
	129#	14	16	17	21	22	20	21	16	16	26
	孔隙总数	164	142	157	141	158	151	153	138	162	164
		306		298		309		291		326	
	变化率/%	—		−2.6		0.9		−4.9		6.5	
15	17#	45	51	50	46	49	58	46	56	53	57
	45#	42	49	49	50	45	52	45	55	45	57
	73#	48	50	57	52	51	61	53	60	58	57
	101#	52	68	48	74	54	65	49	67	51	74
	129#	62	65	65	65	65	66	56	73	51	84
	孔隙总数	249	283	269	287	264	302	249	311	258	329
		532		556		566		560		587	
	变化率/%	—		4.3		6.4		5.3		10.3	
23	17#	81	51	76	55	78	54	70	58	87	58
	45#	64	57	65	54	59	63	74	73	65	63
	73#	65	65	70	63	68	73	64	69	71	68
	101#	67	57	59	62	61	62	73	61	59	69
	129#	68	59	69	61	77	71	77	60	70	75
	孔隙总数	345	289	339	295	343	323	358	321	352	333
		634		654		666		679		685	
	变化率/%	—		3.2		5		7.1		8	

由表 7.6～表 7.8 可以看出：

(1) 从试件代表层中的孔隙 CT 图像直观地看，在经历不同温度作用后，四种孔隙率试件没有明显的裂缝产生。这说明在经历温度作用后，试件基体没有出现开裂，也没有出现孔隙连通现象。

(2) 从试件孔隙离心率平均值 e 的变化来看，在经历不同温度作用后，相比初始孔隙离心率 e_{ini}，试件孔隙离心率 e 变化不大，变化范围基本在 2% 以内，离心率值略有所增加;除了个别孔隙率试件出现了较大的增长,但总体涨幅仍没有超过5%。由此说明在经历不同温度作用后,试件代表层中孔隙的几何形态仅发生了微小的变化,由初始的椭圆形向圆形变化。

(3) 从孔隙数量变化来看,当孔隙率较小时(≤3%),在经历温度作用后,相比常温状态下(20℃),试件代表层中的孔隙离心率大于和小于离心率初始值 e_{ini} 的总孔隙数数目变化幅度不大,涨幅均低于5%,只有在经历280℃温度作用时,孔隙数量的涨幅才接近5%;当孔隙率较大时(≥15%),作用温度低于150℃时,代表层中的孔隙数量变化仍不明显,涨幅均低于6%。当作用温度达到200℃和280℃时,孔隙数量的涨幅有了较为明显的增加,15%孔隙率试件代表层的孔隙数量在经历280℃作用后增加了10.3%,孔隙率为23%的试件在经历200℃和280℃温度作用后,孔隙数量的涨幅分别达到了7%和8%。

在经历温度作用后,试件内部孔隙结构和基体介质发生了一些几何形态的变化和化学反应(基体介质的化学反应情况详见 7.5 节),使现有孔隙发生了形状上的改变和在基体介质上产生了新的孔隙,但没有引起基体介质的开裂,即没有在试件内部出现裂缝。这种变化对岩石宏观力学性质有一定的影响。当作用温度较低时(<150℃),由于产生的热能有限,而大部分热能消耗在了基体化学性质所需要的能量中,只有很小部分热能引起试件内部基体上产生了一定的热应力。无论孔隙率大小,热应力的大小都不足以引起试件内部孔隙几何形态和数量发生较大的改变,热应力只引起了基体上少量新孔隙的产生,同时现有的孔隙发生了微小的变形,这可以解释试件孔隙离心率相比初始离心率变化不大的原因,也可以解释低温作用下试件内部孔隙数量增长幅度较小的原因。

随着作用温度的增加(>150℃),作用在基体和孔隙上的热能也随之增加。对于小孔隙率试件(≤7%),相比低温作用时,由于产生的热能有所增加,除去引起基体介质发生化学反应所需能量之外,还有较多剩余热能产生的热应力引起了现有孔隙发生几何形态变化,同时导致在基体上产生了新的孔隙,新增孔隙的数量相对低温作用时有所增加。但由于孔隙数量小,基体介质相对较多,基体介质化学反应消耗了大部分的热能,所以新增孔隙数量的涨幅仍不大,这可以解释在高温作用下,低孔隙率试件孔隙数量的变化幅度仍没超过5%的原因;当孔隙率超过15%时(≥15%),由于孔隙率的增大,相对而言,基体介质减少,基体介质发生化学反应所消耗的热能相对减少,剩余了较多的热能,这部分热能引起的热应力使基体上产生了较多的新孔隙,新增孔隙数量的涨幅相比低孔隙率时有所增加,同时引起了现有孔隙形状发生了一定的改变。

由此可见,在 280℃范围之内,温度作用对孔隙微观结构的几何形态和数量的影响很小,除大孔隙率试件 (≥23%)内部孔隙结构有一些变化外,其他试件内部孔隙的几何形态和数量都没有发生明显变化。因此,保持孔隙率不变的条件下,由温度作用导致的物理模型力学性能的改变并不是由内部孔隙结构变化所引起的。然而，在本章前述试验中，在保持孔隙率不变的条件下，当作用温度升高时，孔隙岩石物理模型的抗压强度、弹性模量和泊松比等力学参数均发生一定的变化。

7.6　温度作用下孔隙岩石基体化学性质分析

为了进一步揭示温度作用下孔隙结构对岩石变形破坏影响的微观机理，对不同温度作用后的样品基体做了 X 射线衍射试验进行成分分析。鉴于每种孔隙率模型的初始基体成分是相同的，所以只选取 23％模型在经历不同温度后的基体成分做了衍射分析，5 种温度条件对应的试件编号分别为 23-1、23-2、23-3、23-4 和 23-5，图 7.28～图 7.32 给出了物理模型基体的各矿物成分含量曲线，表 7.9 给出了各矿物成分含量百分比。

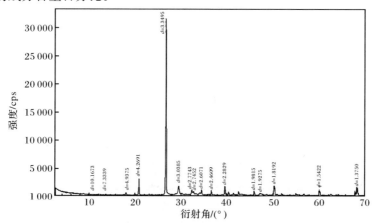

图 7.28　物理模型基体的矿物成分含量曲线（20℃）

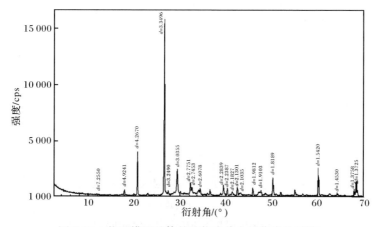

图 7.29　物理模型基体的矿物成分含量曲线（100℃）

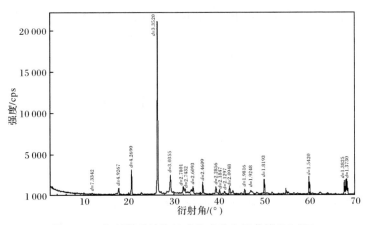

图 7.30　物理模型基体的矿物成分含量曲线(150℃)

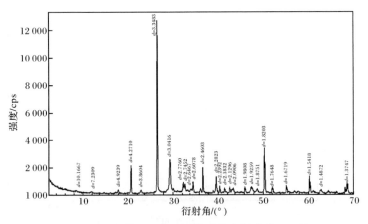

图 7.31　物理模型基体的矿物成分含量曲线(200℃)

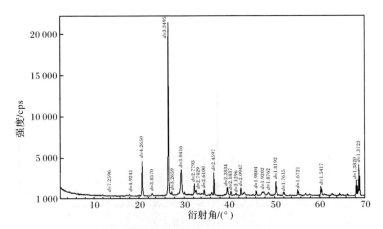

图 7.32　物理模型基体的矿物成分含量曲线(280℃)

表 7.9　物理模型基体各矿物成分含量百分比

编号	矿物种类和含量/%					
	石英	钾长石	斜长石	方解石	硅酸钙	黏土矿物总量
23-1	92.3	—	—	4.3	2.4	—
23-2	81.8	—	—	11.1	5.2	—
23-3	86.2	—	—	8.6	3.2	—
23-4	80.0	—	—	14.4	4.2	—
23-5	82.7	—	—	11.6	5.2	—

从试验结果中可以看出,在经历不同温度作用后,物理模型的基体成分发生了较大的变化,基体主要矿物质成分为石英,随着温度的升高,石英的百分含量减少。在常温状态(20℃)下,基体石英的含量为 92.3%,当温度升高到 100℃ 后,基体的石英含量变为 81.8%,与常温初始状态下相比减少了 11.4%;当温度升到 150℃ 后,石英含量变为 86.2%,相比初始状态下减少 6.6%,当温度分别升高到 200℃ 和 280℃ 时,石英含量分别减少 13.3% 和 10.4%。从上述分析发现,随着温度的升高,与常温(20℃)状态下相比,除了 150℃ 时石英含量的降幅为 6.6%,其他温度条件下石英含量的降幅都超过了 10%;基体次要矿物成分为方解石,随着温度的升高,除 150℃ 条件之外,相比初始状态(20℃)方解石的含量都在增加,平均增幅为 12.4%,而 150℃ 时增幅为 8.6%。

经上述分析可知,物理模型基体的主要矿物成分为石英,石英含量的大小决定了基体的物理力学性质。在经历温度作用后,热量引起了基体内部发生了一定的化学反应,基体主要成分——石英的含量发生了变化,除 150℃ 之外,含量降幅都超过了 10%,变化的矿物成分主要转换成了方解石,由于基体矿物成分结构的变化导致物理模型基体力学性能的改变,表现在宏观上即抗压强度,弹性模量和泊松比等力学参数的变化。

在 280℃ 以内,温度作用主要体现在物理模型基体的化学反应上,而对孔隙数量和几何形态的影响很小。在保持孔隙率不变条件下,温度作用对孔隙岩石物理模型力学性能影响机制的特点是:温度引起物理模型基体发生化学反应,而对内部微观孔隙结构的影响可忽略,物理模型力学性能发生变化的本质原因是基体化学性质的改变。

需要说明的是,上述结论是在物理模型的基础上得到的,物理模型基体的力学性质和天然岩石基体的力学性质有一定的差距。在低于 280℃ 作用下,天然岩石基体是否会发生化学反应,还有待进一步探讨。但可以肯定的是,在 280℃ 以内,温度作用对岩石孔隙结构的影响很小,上述试验证明了这一点。

7.7　本章小结

本章利用水泥砂浆和聚苯乙烯泡沫颗粒材料制作了孔隙结构物理模型,通过对物理模型的 CT 扫描,统计了孔隙结构特征的参数,分析了物理模型孔隙数量、孔隙空间分布和孔隙间距分布等分布特征。通过不同孔隙率物理模型的温度试验和单轴压缩试验,分析了温度作用后,孔隙岩石物理模型的抗压强度、弹性模量和泊松比等力学参数与温度和孔隙率之间的关系。在保持孔隙率不变条件下,温度作用对孔隙岩石物理模型的抗压强度有一定的影响。随着作用温度的升高,相同孔隙率物理模型的抗压强度基本都呈上升趋势,随着孔隙率的增大,上升幅度逐渐减小;在保持相同温度条件下,孔隙率对抗压强度有着显著的影响。随着孔隙率的增加,物理模型的抗压强度呈下降趋势,下降幅度较大。在保持孔隙率不变条件下,随着作用温度的升高,除 150℃外,同一孔隙率的物理模型的弹性模量基本都呈下降趋势,而在 150℃作用后,孔隙率为 7% 和 15% 物理模型的弹性模量值有所上升;在相同温度条件下,随着孔隙率的增加,弹性模量基本都呈下降的趋势,孔隙率从 3% 增加到 15% 时,弹性模量变化不大;当孔隙率从 15% 增加到 23% 时,弹性模量急剧下降。温度作用对孔隙岩石物理模型的泊松比影响不明显。在 280℃ 以内,温度作用主要体现在物理模型基体的化学反应上,而对孔隙数量和几何形态的影响很小。在保持孔隙率不变条件下,温度作用对孔隙岩石物理模型力学性能影响机制的特点是:温度引起物理模型基体发生化学反应,而对内部微观孔隙结构的影响可忽略,物理模型力学性能发生变化的本质原因是基体化学性质的改变。

参 考 文 献

[1] 王绳祖. 高温高压岩石力学——历史、现状、展望[J]. 地球物理学进展,1995,10(4):1—31.

[2] 王青海,田瑛. 中低放核废料地下处置对围岩介质(花岗岩体)温度场的影响[J]. 地质灾害与环境保护,1997,8(4):54—58.

[3] 蒋中明,Dashnor H. 核废料贮存库围岩体热响应耦合场研究[J]. 岩石力学与工程学报,2006,28(8):953—956.

[4] 赵阳升,万志军,康建荣. 高温岩体地热开发导论[M]. 北京:科学出版社,2004:1—14.

[5] Song C L,Tan Y F. Temperature and pressure variations in salt caverns used for oil reserve during storage process [C]//International Conference on Energy and Environment Technology. Guilin,2009,3:602—605.

[6] Heuze F E. High-temperature mechanical,physical and thermal properties of granitic rocks-a review[J]. International Journal of Rock Mechanics and Mining Sciences & Geomechanics

Abstracts,1983,20 (1):3—10.

[7] Zhang L Y,Mao X B,Lu A H. Experimental study on the mechanical properties of rocks at high temperature [J]. Science in China (E),2009,52(3):641—647.

[8] Rao Q H,Wang Z,Xie H F,et al. Experimental study of mechanical properties of sandstone at high temperature[J]. Journal of Central South University of Technology,2007,14(1): 478—483.

[9] Xia X H,Wang Y Y,Huang X C,et al. Experimental study on high temperature effect's influence to the strength and deformation quality of marble[J]. Journal of Shanghai Jiaotong University,2004,38(6):996—1002.

[10] 许锡昌,刘泉声. 高温下花岗岩基本力学性质初步研究[J]. 岩土工程学报,2000,22(3): 332—335.

[11] 杜守继,刘华,职洪涛,等. 高温后花岗岩力学性能的试验研究[J]. 岩石力学与工程学报, 2004,23(14):2359—2364.

[12] 梁冰,高红梅,兰永伟. 岩石渗透率与温度关系的理论分析和试验研究[J]. 岩石力学与工程学报,2005,24(12):2009—2042.

[13] 杨永明,鞠杨,陈佳亮,等. 温度作用对孔隙岩石介质力学性能的影响[J]. 岩土工程学报, 2013,35(5):856—864.

第8章　三轴应力下岩石裂缝扩展及破裂能量机理

随着我国能源需求的快速增长,煤矿、油气藏等常规资源供给日趋紧张,以煤层气、致密砂岩气、页岩油气等为代表的非常规油气资源由于其储量巨大、分布集中等特点日益受到重视。然而我国的非常规油气成藏条件复杂,储层致密,渗透率极低,导致目前大规模有效开采还存在很多理论和技术上的难题[1,2]。岩石中的裂隙是非常规油气渗流、运移及抽采的主要通道,通过各种技术手段压裂储层岩石,形成裂隙网络通道是目前非常规油气资源的主要开采手段,其中一个关键的基础科学问题是,认识和掌握储层岩石在地应力作用下裂隙形成的数量、空间形态以及分布特征。因此,探索三轴应力作用下岩石的裂隙发育和空间分布规律对非常规油气开采具有十分重要的意义。

近年来,国内外研究人员对应力作用下岩石裂隙扩展机理行了大量的研究工作,例如,Swan[3]利用断裂力学预测了岩石板的裂缝扩展路径,计算了裂缝扩展速率;Sato 等[4]利用 DDM 方法研究了岩石裂缝扩展的规律,分析了已有裂缝对裂缝扩展的影响机理;A1-Shayea[5]基于石灰岩的劈裂试验分析了在剪切和张拉应力作用下裂缝起裂的角度和裂缝的传播路径;Parka 等[6]研究了摩擦力对单轴压缩下岩石裂缝的起裂、扩展及连通的影响;Camonesa 等[7]利用离散元分析了岩石裂隙的扩展和聚集规律。国内,孔园波等[8]应用伪张力法和断裂力学原理分析了受压状态下岩石雁形裂缝的形成和扩展机制;李海波等[9]根据滑移型裂缝模型,基于裂缝扩展过程中的能量平衡原理,建立了三轴压缩下岩石材料的裂缝扩展模型;任建喜等[10,11]基于 CT 扫描试验分析了花岗岩和砂岩等在卸载和三轴压缩条件下损伤、裂缝的萌生、发展和宏观裂缝的形成特征等;李廷春等[12]利用 CT 扫描技术和模型材料研究了岩石裂隙在三轴加载作用下的扩展规律;李林等[13]利用荧光法和细观分析技术对单轴条件下层状盐岩表面裂缝扩展及分布进行了研究;杨圣奇[14]利用单轴压缩试验研究了砂岩裂缝扩展特征及其影响规律。上述研究对揭示荷载作用下岩石的裂缝扩展规律具有重要的意义。然而,岩石是一种非常复杂的非均匀材料,在荷载作用下岩石的裂缝扩展规律极其复杂,人们对岩石裂缝扩展的内在机理还没有完全理解和掌握,尤其是不同围压对三轴应力下岩石的破坏裂缝数量、几何形态和空间分布特征等的影响规律目前还认识不清。

8.1　裂缝扩展岩石三轴压缩 CT 扫描试验

8.1.1　样品制备及力学性能测试

采用致密砂岩作为研究对象,取样岩层的赋存深度为 900m,试验中所有的岩石样品均采自同一岩层,以保证所有样品的力学性能相同或相近。将试件加工成直径为 50mm、高度为 100mm 的圆柱体,用于不同围压应力的三轴破坏试验和 CT 扫描试验。为避免试验误差,样品进行切割打磨,试件两端面光滑且相互平行,并与轴线垂直。试验样品如图 8.1 所示。

图 8.1　试验样品

力学性能测试试验采用 3000kN 超高刚性伺服试验机,利用位移加载方式,加载速率为 0.3mm/min,为了测量横向和纵向变形,在每个试件中部粘贴了 4 个应变片:其中两个方向与试件平行,用于测量纵向应变;另外两个方向环绕试件,用于测量横向的应变。应力-应变曲线如图 8.2 所示,所测力学性能如表 8.1 所示。

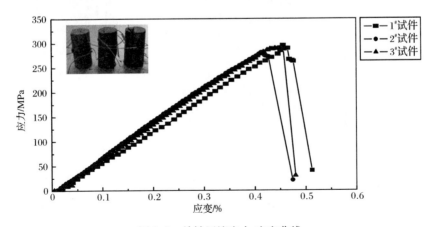

图 8.2　单轴压缩应力-应变曲线

表 8.1　单轴压缩力学性能

试件编号	弹性模量/GPa	泊松比	单轴抗压强度/MPa
1#	65.56	0.167	295.97
2#	72.33	0.148	280.93
3#	72.64	0.156	299.32
平均值	70.18	0.157	292.07

8.1.2　岩石三轴压缩试验

采用 TAW-2000 电液伺服岩石三轴试验系统开展了拟三轴压缩试验(见图 8.3),为了分析三轴应力下岩石破坏裂缝的发育特征及不同围压对其的影响,根据现场真实水平地应力(最大水平地应力为 29.6MPa),设计了 6 组不同围压应力,分别为 5MPa、10MPa、15MPa、20MPa、25MPa 和 30MPa,对应的试件编号分别为 1#、2#、3#、4#、5# 和 6#。在试验前,先将试件用聚烯烃热缩管包裹,将试件用置于具有 8 个测量点的应变测量仪中,一起放入三轴腔,每个横向和纵向变形的测量值均为四个测点的平均值。采用位移静态加载方式,加载速率为 0.2mm/min,直至试件破坏。不同围压应力下应力-应变曲线如图 8.4 所示。不同围压应力下三轴抗压强度值如表 8.2 所示。

(b) 应变测量仪

(a) 三轴试验系统　　　　　　　(c) 外包热缩管的试件

图 8.3　电液伺服岩石三轴试验系统

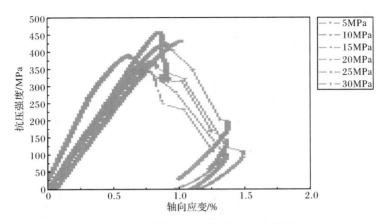

图 8.4　不同围压下三轴应力-应变曲线

表 8.2　不同围压下三轴抗压强度

试件编号	围压应力/MPa	抗压强度/MPa
1#	5	345.31
2#	10	375.32
3#	15	391.17
4#	20	458.62
5#	25	426.74
6#	30	434.44

8.1.3　CT 扫描试验

采用高精度 16 位微焦点 X 射线 CT 扫描设备开展裂缝扩展分布形态的扫描试验,试件的高度为 100mm,扫描范围为整个试件高度,自上而下每间隔 1mm 扫描一层,共扫描 100 层。扫描获得的 CT 图像为 1024×1024 像素的灰度图,如图 8.5(a)所示(选用 15MPa 围压下第 41 层裂缝 CT 图为例)。CT 图像中每个像素点的灰度在 0~2^{16} 范围内变化,不同灰度值反映了图像各点不同的物理状态。

为了准确提取裂缝信息,需对裂缝 CT 图进行处理。原始 CT 扫描图中存在很多伪影和噪声点,采用中值滤波算法通过自编程序对图像进行滤波处理,去除伪影和噪声点,结果如图 8.5(b)所示。经过滤波后的 CT 图中裂缝的灰度值与基质的灰度值有很大差别,裂缝相比基质的灰度值要小很多,基于灰度值的这一特点,采用图像处理中的阈值分割和边缘检测法,通过自编程序对图像进行二值化,得到了包含完整裂缝几何形态的二维图,如图 8.6(a)所示。从图 8.6 中可以看出,由于裂缝形态复杂,在二值化之后的图像中裂缝周边还存在一些孤立点,为不影响后续的分析,还需要对图像进行优化处理,最终获得了能准确反映裂缝几何形态和分布特征的二值化图,如图8.6(b)所示。

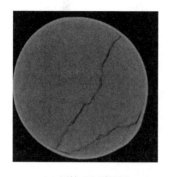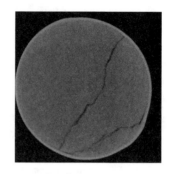

　　　(a) 原始 CT 裂缝图　　　　　　　　(b) 滤波后的裂缝图

图 8.5　岩石破坏裂缝 CT 图

　　(a) 初始二值化裂缝图　　　　　　　(b) 优化后的裂缝图

图 8.6　破坏裂缝二值化图(围压应力 15MPa)

8.2　三轴应力对裂缝扩展规律的影响

　　图 8.7 给出了 6 组不同围压应力岩石破坏后的裂缝形态图,每个围压应力下选取了第 10、30、50、70、和 90 层作为代表层。图中从左至右每一列代表不同的 CT 扫描图,分别为第 10、30、50、70、和 90 层代表图;从上至下每一排代表不同的围压,分别为 5MPa、10MPa、15MPa、20MPa、25MPa 和 30MPa。为了深入分析不同围压应力下裂缝扩展的空间形态和分布特征,将二值化裂缝图进行了三维重构,建立了裂缝形态的三维几何模型,如图 8.8 所示。

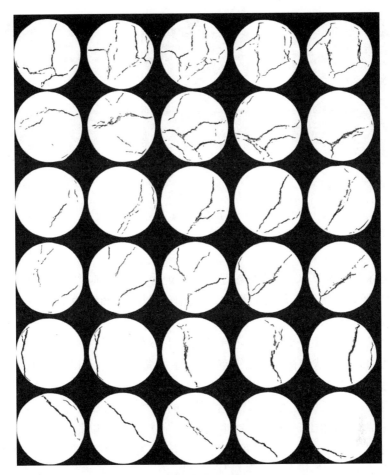

图 8.7 破坏裂缝二值化图

(a) 5MPa   (b) 10MPa   (c) 15MPa

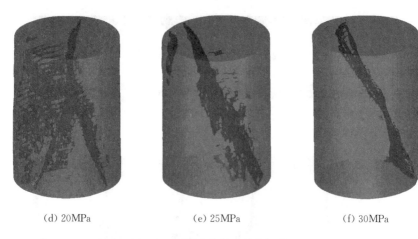

(d) 20MPa   (e) 25MPa   (f) 30MPa

图 8.8　裂缝形态的三维空间模型

　　从裂缝二值化图和三维几何模型中可直观看出,围压应力对岩石破坏裂缝的数量、形态及分布特征有很大的影响。当围压应力为 5MPa 时,靠近试件加载两端的横截面上,多条主裂缝相互交叉分布,形态复杂且贯通整个截面;试件中部除了相互交叉分布的主裂缝之外,还有多条次生小裂缝伴随在主裂缝周边,形成了相互连通的裂缝网状结构。在三维空间中,主裂缝基本平行于轴向加载方向沿着高度贯通整个试件,最终形成以多条主裂缝为主,伴随次生微小裂缝且相互连通的裂缝网络;当围压应力为 10MPa 时,裂缝的数量、形态及分布特征和围压应力为 5MPa 时相似,相比 5MPa 时,次生裂缝有所减少,主要以相互交叉贯通试件横截面的主裂缝为主,在三维空间中仍然形成了裂缝网络;当围压应力增加到 15MPa 和 20MPa 时,横截面上的破坏裂缝以 2～3 条主裂缝为主,基本没有了次生裂缝,且主裂缝相互较为独立。沿着试件高度方向,主裂缝没有相互交叉,只是在试件两端相互连通,形成了类似"八字形"的裂缝带,而没有形成裂缝网络,同时相比低围压应力时主裂缝的弯曲程度有所降低,裂缝带近似为平面。当围压应力达到 25MPa 和 30MPa 时,在试件横截面上仅仅形成一条直线型的破裂主裂缝,贯通整个截面。沿着试件高度主裂缝带与轴向加载方向近似呈 45°夹角,倾斜穿过整个试件。25MPa 时在主裂缝周边还存在少数的微小次生裂缝,而 30MPa 时基本没有了次生裂缝。

　　综上分析可知,围压应力对岩石破坏裂缝的数量、形态和空间分布特征有很大的影响。当围压应力较低时(<10MPa),试件的整体破坏呈现为劈裂和剪切破坏共同作用,围压越低,劈裂破坏越明显。破坏时试件中部直径相比试件两端的直径明显增大,即试件中部发生了更大的横向变形。由于围压应力对试件的约束作用较小,在加载过程中,试件中存在缺陷的多个区域同时出现微观裂缝,随着荷

载的增大,这些微观裂缝发展成细小宏观裂缝,并且相互贯通,形成多条近似平行于轴向方向的破坏裂缝,同时伴随着剪切裂缝出现,裂缝形态极其不规则,且相互交叉分布,最终形成了形态复杂的裂缝网络结构。随着围压的增大(10～20MPa),试件的破坏形式变成了剪切破坏,围压应力对试件的约束作用增大,导致试件的抗压强度增加。当试件中出现微观裂缝时,由于围压应力的约束作用限制了内部微观裂缝的进一步扩展和发育,大部分微观裂缝不能继续发展和延伸,而只有小部分的微观裂缝得以继续扩展贯通形成宏观微裂缝。最终形成的主裂缝数量减少,次生裂缝消失,弯曲分布的裂缝逐渐被近似直线的破坏裂缝所取代,形成了几条仅在试件两端相互连通的剪切裂缝带,而没有了裂缝网络结构。当围压应力继续增大时(>20MPa),试件整体破坏形式仍为剪切破坏,围压应力对试件的约束作用更加明显,裂缝形态数量更少且更规则,最终破坏时仅形成一条与轴向方向近似呈45°夹角的直线型裂缝带。

8.3　裂缝展布形态和表征参数

8.3.1　裂缝面积分布特征

利用自编程序统计并计算了6组围压下18个试件CT扫描图中的裂缝面积,根据每个试件裂缝面积的最小值和最大值范围,将裂缝面积分为8个区间,计算落入每个区间内的裂缝个数,得到了裂缝面积概率密度分布的曲线,如图8.9～图8.14所示。

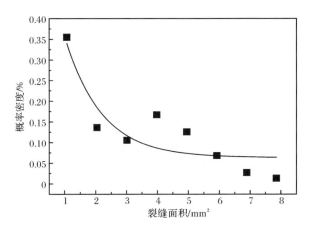

图8.9　裂缝面积概率密度分布曲线(围压为5MPa)

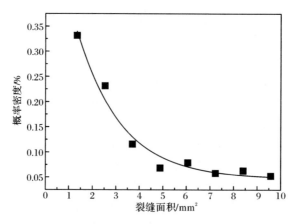

图 8.10　裂缝面积概率密度分布曲线（围压为 10MPa）

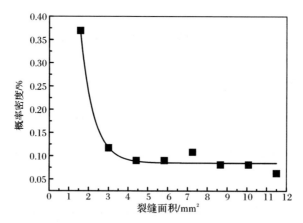

图 8.11　裂缝面积概率密度分布曲线（围压为 15MPa）

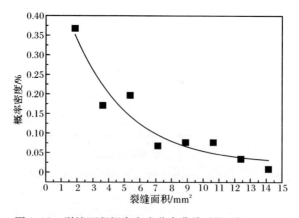

图 8.12　裂缝面积概率密度分布曲线（围压为 20MPa）

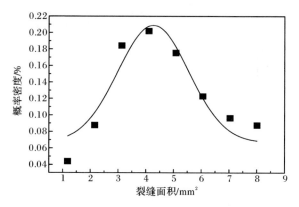

图 8.13　裂缝面积概率密度分布曲线(围压为 25MPa)

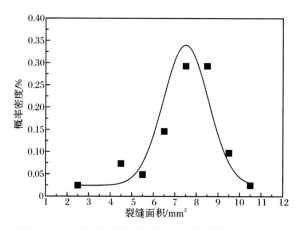

图 8.14　裂缝面积概率密度分布曲线(围压为 30MPa)

计算 6 组围压条件下所有裂缝面积的平均值和均方差,计算公式为

$$\mu_A = \frac{\sum\limits_{i=1}^{N} A_i}{N} \tag{8.1}$$

$$\sigma_A = \sqrt{\frac{\sum\limits_{i=1}^{N} (A_i - \mu_A)^2}{N}} \tag{8.2}$$

式中,μ_A 为裂缝面积均值;σ_A 为裂缝面积均方差。

图 8.15 给出了裂缝面积的平均值和均方差随围压的变化曲线。

不同围压条件下破坏裂缝面积的分布特征具有明显差异。当围压≤20MPa 时,裂缝面积的概率密度近似服从指数分布,表达式可统一表示为

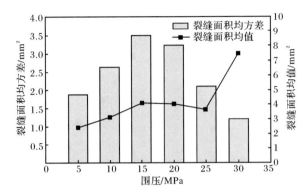

图 8.15　裂缝面积的均值和均方差随围压的变化曲线

$$y = Ae^{\frac{-x}{t}} + B \qquad (8.3)$$

式中，A、B 和 t 为待定参数。

根据试验结果，当围压为 5MP 时，$A=0.69$、$B=0.06$、$t=1.18$；当围压为 10MPa 时，$A=0.61$、$B=0.05$、$t=1.87$；当围压为 15MPa 时，$A=3.16$、$B=0.08$、$t=0.66$；当围压为 20MPa 时，$A=0.56$、$B=0.02$、$t=3.54$。

当围压为 20～30MPa 时，裂缝面积的概率密度分布近似服从高斯函数，可表示为

$$y = y_0 + \frac{A}{W\sqrt{\frac{\pi}{2}}} \exp\left[-2\left(\frac{x-x_c}{W}\right)\right] \qquad (8.4)$$

式中，y_0、A、W 和 x_c 为待定参数。

根据试验结果，围压为 25MPa 时，$y_0=0.07$、$A=0.46$、$W=2.56$、$x_c=4.27$；当围压为 30MPa 时，$y_0=0.02$、$A=0.83$、$W=2.09$、$x_c=7.5$。

随着围压的增大，破坏裂缝面积概率密度分布由指数分布转变为高斯分布。当围压为 5MPa 时，面积在 2mm^2 以下的裂缝个数占 49%，在 2～4mm^2 的裂缝个数占 28%，4mm^2 以上的裂缝个数仅占了 23%，裂缝的平均值为 2.45mm^2。由此可见，5MPa 围压应力条件下破坏裂缝主要以小面积裂缝为主，裂缝面积大部分低于 2mm^2。当围压为 10MPa 时，面积小于 2.53mm^2 的裂缝个数占裂缝总个数的 56%，在 2.53～4.88mm^2 之间的裂缝个数占 19%，裂缝的平均值为 3.15mm^2。相比围压为 5MPa 时，占裂缝总个数比例较大的裂缝的面积有所增大，但破坏裂缝仍以小面积裂缝为主。当围压增大到 15MPa 时，比例占约 50% 的裂缝的面积上限值增加到了 3mm^2，而 3～5.83mm^2 之间的裂缝个数占到了 18%，平均值为 4.12mm^2。当围压为 20MPa 时，占总数约 50% 的裂缝的面积上限值则为 3.62mm^2，3.62～7.13mm^2 之间的裂缝个数占 27%，平均值为 4.05mm^2。当围压

继续增加到 25MPa 时,小于 3.14mm² 的裂缝个数仅占了 13%,3.14～6.06mm² 的裂缝的个数占总数的 68%,平均值为 3.66mm²;当围压达到 30MPa 时,仅处于 5.5～8.5mm² 之间的裂缝个数就占据了总数的 73%,小于 5.5mm² 的裂缝个数仅占了 14%,平均值为 7.53mm²。

由此可见,当围压较小时(≤10MPa),破坏裂缝主要以小面积裂缝为主,裂缝面积的平均值较小,且每个裂缝的面积都在平均值附近徘徊,离散性不大(均方差相对较小)。而随着围压的增大(不超过 20MPa 时),较大面积裂缝的个数有所增加,裂缝面积的平均值增大,且面积的均方差变大,说明同时存在大面积和小面积的裂缝,但仍以小面积裂缝为主。在同一围压条件下(≤20MPa),裂缝面积的概率密度均呈指数递减的分布趋势,说明破坏裂缝的面积越大,所占的数量比重则越少。当围压达到 25～30MPa 时,破坏裂缝面积的概率密度服从高斯分布,大面积裂缝个数占据裂缝总个数的 60% 以上,且相比低围压时(≤20MPa),裂缝面积的平均值增大,且离散性较小,说明高围压条件下产生了面积较大的裂缝,而没有了小面积裂缝。

8.3.2 裂缝长度分布特征

采用同样的方法对 6 组围压下每个试件所有裂缝的长度进行了统计分析(裂缝长度相当于将裂缝拉直后的总长,通过统计计算裂缝占用的像素点个数即可获得)。图 8.16～图 8.21 给出了裂缝长度概率密度分布曲线。利用相同的公式计算了 6 组围压条件下所有裂缝长度的平均值和均方差,图 8.22 给出了长度平均值和均方差随围压的变化曲线。

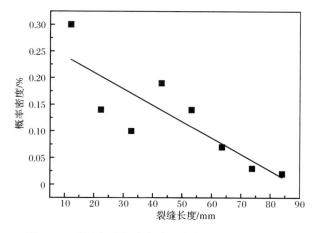

图 8.16　裂缝长度概率密度分布曲线(围压为 5MPa)

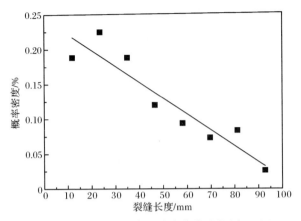

图 8.17　裂缝长度概率密度分布曲线(围压为 10MPa)

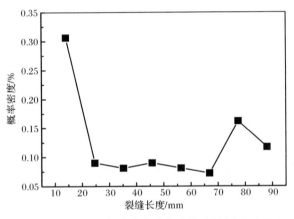

图 8.18　裂缝长度概率密度分布曲线(围压为 15MPa)

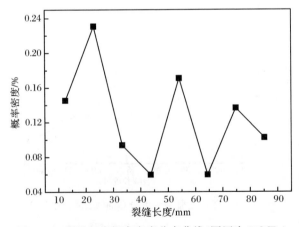

图 8.19　裂缝长度概率密度分布曲线(围压为 20MPa)

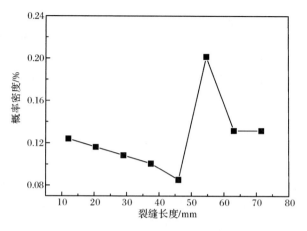

图 8.20　裂缝长度概率密度分布曲线(围压为 25MPa)

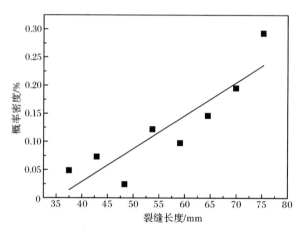

图 8.21　裂缝长度概率密度分布曲线(围压为 30MPa)

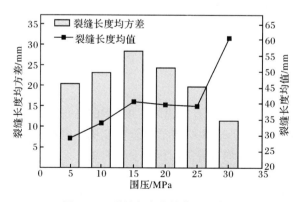

图 8.22　裂缝长度的均值和均方差

当围压为 5MPa 时,裂缝长度的概率密度分布呈下降趋势,近似服从线性函数,裂缝长度的平均值为 29.4mm,长度小于 30mm 的裂缝占了裂缝总个数的 54%,超过了总数的一半,而长度大于 60mm 的裂缝仅占了 10.2%;当围压为 10MPa 时,裂缝长度的概率密度近似服从线性分布并呈递减趋势,平均值为 33.9mm,小于 30mm 的裂缝比例为 53%,大于 60mm 的比例为 16%。由此说明在低围压条件下(≤10MPa),破坏裂缝主要以短裂缝为主。当围压为 15MPa 和 20MPa 时,裂缝长度概率密度分布曲线总体上仍呈递减趋势,但已找不到较好的拟合公式。裂缝长度的平均值分别为 40.9mm 和 39.7mm,长度小于 30mm 的裂缝占裂缝总个数的 44%,大于 60mm 的裂缝比例为 25%~32%,相比低围压时,短裂缝数量有所减少,长裂缝的数量有所增加。当围压达到 25~30MPa 时,随着围压的增大,占据裂缝总数比重较大的裂缝的长度明显增长,围压为 25MPa 时长度的概率密度也没有很好的拟合公式,但数据点连接曲线的峰值点位于 55mm 附近,长度超过 55mm 的裂缝占据了 60%,平均值为 39.4mm。而当围压为 30MPa 时,概率密度分布呈直线上升趋势,较好地满足线性分布,长裂缝占据了裂缝总数相当大的比重,超过 60mm 长的裂缝数达到了 64%,且小于 30mm 的裂缝几乎没有,裂缝长度的平均值达到了 60.5mm。

由此可见,围压对裂缝长度分布特征有显著的影响,当围压低于 10MPa 时,破坏裂缝长度概率密度近似满足线性分布,并呈下降趋势。裂缝长度的平均值较小,均方差也相对较小,说明低围压条件下(≤10MPa),试件破裂时主要以短裂缝为主,长裂缝较少。当围压为 10~20MPa 时,破坏裂缝长度的概率密度基本都呈递减趋势,没有较好的分布曲线拟合公式。相比低围压时,裂缝长度的平均值增大,均方差也增大,说明同时存在长裂缝和短裂缝,短裂缝数量有所减少,长裂缝的数量相对增加,但仍以短裂缝为主。当围压超过 20MPa 时,裂缝长度概率密度则出现了递增的趋势,裂缝长度的平均值增大,均方差减小,说明随着围压的增大,长裂缝数量明显增加,短裂缝逐渐消失,当围压达到 30MPa 时,裂缝长度概率密度呈线性增长趋势,平均值达到了 60.5mm,破坏裂缝主要以长裂缝为主,而没有了短裂缝。

8.3.3　裂缝宽度分布特征

对 6 组围压下每个试件所有裂缝的宽度(指的是每条裂缝的平均宽度)进行了统计分析。图 8.23~图 8.28 给出了裂缝宽度概率密度分布曲线。图 8.29 给出了裂缝宽度的平均值和均方差随围压的变化曲线。

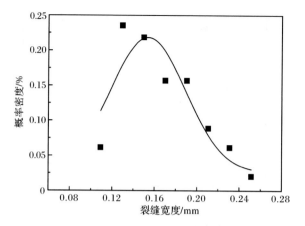

图 8.23　裂缝宽度概率密度分布曲线(围压为 5MPa)

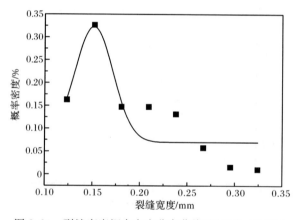

图 8.24　裂缝宽度概率密度分布曲线(围压为 10MPa)

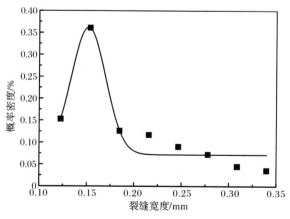

图 8.25　裂缝宽度概率密度分布曲线(围压为 15MPa)

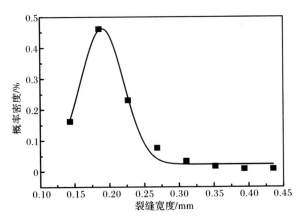

图 8.26　裂缝宽度概率密度分布曲线(围压为 20MPa)

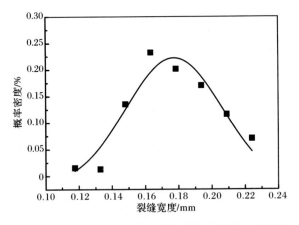

图 8.27　裂缝宽度概率密度分布曲线(围压为 25MPa)

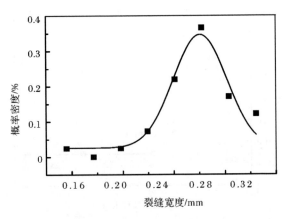

图 8.28　裂缝宽度概率密度分布曲线(围压为 30MPa)

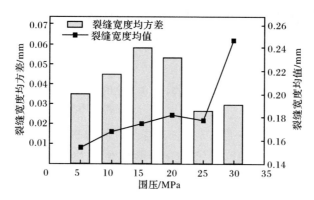

图 8.29　裂缝宽度的均值和均方差随围压的变化曲线

6 组不同围压条件下破坏裂缝宽度概率密度都近似服从高斯分布,表达式如式(8.4)所示,根据试验结果,拟合公式中的参数选取如下:当围压为 5MPa 时,$y_0=0.026$、$A=0.017$、$W=0.071$、$x_c=0.154$;当围压为 10MPa 时,$y_0=0.069$、$A=0.013$、$W=0.04$、$x_c=0.151$;当围压为 15MPa 时,$y_0=0.072$、$A=0.013$、$W=0.036$、$x_c=0.152$;当围压为 20MPa 时,$y_0=0.024$、$A=0.034$、$W=0.062$、$x_c=0.189$;当围压为 25MPa 时,$y_0=-0.019$、$A=0.018$、$W=0.058$、$x_c=0.177$;当围压为 30MPa 时,$y_0=0.026$、$A=0.017$、$W=0.042$、$x_c=0.26$。围压应力对破坏裂缝宽度的分布特征有一定的影响,随着围压的增加,裂缝宽度的平均值逐渐增大,分别为 0.154mm、0.168mm、0.175mm、0.182mm、0.177mm、0.247mm,而均方差先增加后减少。6 组围压条件下,裂缝宽度的概率密度均近似满足高斯分布,随着围压的增加,拟合曲线的峰值点对应的 x 值增大,说明在每个围压下占据破坏裂缝总数较大比重裂缝的宽度在增加,从而导致裂缝宽度的平均值随着围压的增加而增大。在较低围压时,裂缝宽度的均方差较小,说明裂缝宽度的离散性不大,主要以宽度小的裂缝为主。当围压增大时,均方差也随之增大,说明裂缝宽度的分布离散性变大,既存在宽的裂缝,也存在窄的裂缝。当围压继续增大时,裂缝宽度的均方差又变小,说明高围压条件下裂缝宽度增加,且宽裂缝占据较大比重,而窄裂缝减少。

8.3.4　裂缝形态的分形特征

为了分析破坏裂缝的粗糙程度,探讨围压应力对裂缝形貌特征的影响,引入分形计算了 6 组围压下裂缝形态的几何分形维数。计盒维数作为一种计算分形维数的方法,能很好地描述和刻画裂缝形貌的不规则特性,采用计盒维数法来计算破坏裂缝的分形维数。

简单来说,计盒维数的计算方法是将图像划分为边长是 δ 的网格,然后计算出

覆盖图像 F 中的网格数目 N_{δ_k}，由式(8.5)可计算出分形维数 D_B[15]：

$$D_B = \lim_{k \to \infty} \frac{\ln N_{\delta_k}(F)}{-\ln \delta_k} \tag{8.5}$$

式中，N_{δ_k} 为与图像 F 相交的网格个数，当 $\delta_k \to 0$ 时，$\dfrac{\ln N_{\delta_k}}{\ln \dfrac{1}{\delta_k}} \to D_B$。

选取每组围压下第 15 层、35 层、55 层、75 层、和 95 层的 CT 图作为代表层，通过自编程序计算出所有代表层裂缝的分形盒维数，然后对每组围压下裂缝的分形盒维数取平均值，即可求出 6 组围压条件下每个试件破坏裂缝的分形盒维数，计算结果如表 8.3 所示。

表 8.3　不同围压下裂缝的分形维数

裂缝图代表层	围压/MPa					
	5	10	15	20	25	30
第 15 层	1.598	1.581	1.580	1.577	1.578	1.563
第 35 层	1.619	1.598	1.573	1.581	1.593	1.562
第 55 层	1.641	1.620	1.579	1.568	1.561	1.582
第 75 层	1.640	1.584	1.583	1.577	1.564	1.561
第 95 层	1.651	1.578	1.594	1.587	1.570	1.579
平均值	1.630	1.592	1.582	1.578	1.573	1.569

裂缝分形维数随围压变化的关系曲线如图 8.30 所示，较好地满足指数分布，拟合公式如下[15]：

$$D_B = A \exp\left(\frac{-P}{t}\right) + B \tag{8.6}$$

式中，D_B 为裂缝分形维数；P 为围压应力；A、B 和 t 为待定参数，分别取 $A = 0.1471$、$B = 1.5714$、$t = 5.3788$。

裂缝的分形维数随着围压增大而减小，呈指数递减趋势。当围压较低时($\leqslant$ 10MPa)，砂岩的破坏形式主要以劈裂破坏为主，裂缝的分形维数较大，说明低围压条件下破坏裂缝的形态复杂，裂缝曲线边界粗糙，产生的小裂缝较多，裂缝相互交错分布，形成的裂缝网络结构占据了整个试件二维横截面图。随着围压的增大，试件的破坏形式变成了剪切破坏，分形维数降低，说明破坏裂缝形态趋于规则，裂缝曲线由粗糙变为相对光滑，小裂缝减少，在二维横截面图像中形成了几条长而直的光滑裂缝。当围压继续增大时($>$20MPa)，试样的破坏形式仍以剪切破坏为主，破坏裂缝的分形维数继续减小，裂缝更加光滑，小裂缝基本消失，最终形成了 1～2 条近似直线的裂缝分布在二维横截面图中。

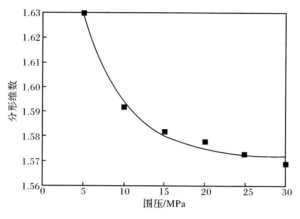

图 8.30　裂缝分形维数与围压的关系

8.4　裂缝发育及扩展的能量机制

岩体变形破坏实质是能量耗散与能量释放的综合结果,能量耗散主要用于诱发岩体损伤,产生微裂缝,导致材料性质劣化和强度丧失;能量释放是引发岩体突然破坏的内在原因。在围压和轴压施加过程中,岩石产生变形,同时内部出现微裂缝等损伤,假设该物理过程是一个等温过程,与外界没有热交换,同时试验机的刚度远比岩石样品的刚度大,所以试验过程中因试验机发生弹性变形所产生的能量可以忽略,根据热力学第一定律,试验机输入总能量 W 应满足以下关系:

$$W = W_N - W_c = U_d + U_e \tag{8.7}$$

式中,W_N 为轴向荷载对岩石所做的功;U_d 为岩石变形破坏过程中的耗散能;U_e 为储存在岩石中的可释放弹性应变能;W_c 为岩石环向变形对试验机液压油所做的功。

轴向荷载做功产生的能量 W_N 和环向变形对试验机所做的功 W_c 的计算公式为

$$W = \int F_N d(\Delta l_N) \tag{8.8}$$

$$W_c = \int F_c d(\Delta l_c) \tag{8.9}$$

式中,F_N 为轴向荷载;F_c 为环向荷载,可通过围压应力计算得到;Δl_N 为试件机作动器在竖直方向的位移;Δl_c 为试件横向变形。

单位体积可释放弹性应变能 u^e 可用下列公式计算:

$$u^e = \frac{1}{2E}[\sigma_1^2 + \sigma_2^2 + \sigma_3^2 - 2v(\sigma_1\sigma_2 + \sigma_2\sigma_3 + \sigma_1\sigma_3)] \tag{8.10}$$

式中，u^e 为单位体积可释放弹性应变能；σ_1、σ_2 和 σ_3 为 3 个主应力；E 和 ν 为单轴弹性模量和泊松比，根据试验取值为 70.18GPa 和 0.157。

利用上述公式对 6 组不同围压应力下岩石的输入总能量、耗散能和可释放应变能进行了计算，结果如表 8.4 所示。图 8.31 给出了耗散能、可释放弹性应变能与围压的关系。

表 8.4　不同围压应力下岩石破坏能量计算结果

试件编号	围压应力/MPa	横向应变 ε_2	轴向应变 ε_1	总能量 W/J	弹性应变能密度 u^e/(MJ/m³)	耗散能密度 u^d/(MJ/m³)
1#	5	0.001 218	0.007 76	65.77	0.84	1.59
2#	10	0.001 25	0.007 96	73.33	0.99	1.50
3#	15	0.000 964	0.006 14	88.95	1.07	1.24
4#	20	0.001 336	0.008 51	95.79	1.06	1.37
5#	25	0.001 399	0.008 91	93.32	1.26	0.85
6#	30	0.001 617	0.010 3	109.83	1.30	0.71

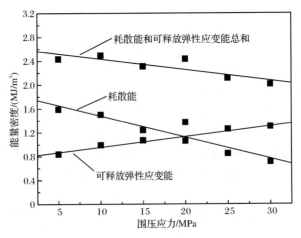

图 8.31　耗散能、可释放弹性应变能与围压的关系[16]

从计算结果可以看出：

（1）岩体变形破坏过程可以看做是能量吸收、能量耗散及释放的过程，试件在三轴应力作用下不断吸收能量，吸收的总能量随着围压的增加而增大。相比围压为 5MPa 时，随着围压的增大，吸收总能量分别增长了 11.5%、35.2%、45.6%、42.9% 和 66.9%。由此可见，围压的增大提高了试件吸收能量的能力，为岩石环向变形对试验机做功和破坏裂缝的开裂、发育储备了更多的能量，同时也提高了岩石的抗压强度，抗压强度分别增长了 9%、13%、33%、24% 和 26%。

(2) 在三轴应力作用下裂缝扩展的过程中,可释放弹性应变能主要用于岩石颗粒、骨架结构的弹性变形,占输入总能量的比重较小,输入的能量大部分用于岩石的塑性变形、微观裂缝的形成、扩展和贯通以及提供岩石环向变形对试验机做功所需要的能量。在 6 组不同围压应力下,可释放弹性应变能占输入总能量的比重分别为 31.4%、33.1%、29.4%、37.5%、33.1% 和 29.1%,除了围压应力为 20MPa 时稍高之外,其他围压应力条件下均为 30%。随着围压应力的增加,可释放弹性应变能密度基本呈线性增长趋势,说明随着围压应力的增加岩石试件的整体变形增大。

(3) 随着围压应力的增加,单位体积岩石试件的耗散能呈线性递减的趋势,说明在加载过程中耗散能主要是引起岩石内部发生损伤,引发岩石内部微裂缝的产生、扩展及贯通等,产生的耗散能越大,诱发的破坏裂缝越多,形态越复杂。当围压应力较低时(≤10MPa),岩石破坏时单位体积岩石试件的耗散能约为 1.5MJ,导致破坏裂缝以数量多、形态复杂且弯曲分布的裂缝网络结构出现,同时伴随着次生裂缝的产生;当围压应力达到 15～20MPa 时,相比 5MPa 时单位体积内的耗散能降低了 13.9%～22.1%,导致最终形成的主裂缝数量减少,次生裂缝消失,形成了几条仅在在试件两端相互连通的近似直线的破坏裂缝带;当围压应力增加到 25～30MPa 时,相比围压应力为 5MPa 时,岩石单位体积内的耗散能降低了约 50%(46.6%～55.3%),最终破坏时仅形成 1 条与轴压方向成 45° 夹角的直线型裂缝带。通过岩石破坏时的耗散能很好地解释了不同围压应力下破坏裂缝的几何形态和分布特征。

综上分析可知,围压应力对岩石破坏过程的能量耗散和能量释放有显著的影响,从而导致最终破坏裂缝的分布特征存在较大的差异。当围压应力较低时,岩石破坏时耗散和释放的能量总和相对较大,从而导致更多的微裂缝形成,产生更多的破裂面。破坏裂缝形态复杂,数量众多,主裂缝和次生微小裂缝并存,最终形成裂缝网络结构。随着围压应力的增加耗散能和可释放弹性应变能的总和减少,破坏裂缝的数量减少,几何形态趋于简单化、规则化,最终由裂缝网络变成了单一的近似直线的破坏裂缝面。

8.5　本章小结

本章基于砂岩三轴压缩试验及 CT 扫描试验,获得了不同围压应力作用下岩石破坏裂缝的几何形态 CT 图像;利用图像处理、统计学等方法构建了破坏裂缝形态的三维空间模型,分析了不同围压应力对破坏裂缝几何形态和分布特征的影响规律。引入裂缝的宽度、长度、面积和分形维数等几何参数描述了破坏裂缝的空间形貌,分析了不同围压条件下岩石破坏裂缝面积、长度、宽度和分形维数的分布特征,揭示了围压应力对上述裂缝几何特征的影响规律。同时基于能量理论揭示了不同三轴应力下岩石破坏时裂缝扩展的能量机制。

围压应力对岩石破坏裂缝的形态、数量和空间分布特征有很大的影响。当围压应力较低时,破坏裂缝数量众多、形态复杂,且裂缝的面积、长度和宽度都较小,而分形维数却较大,最终形成了主裂缝和次生裂缝交叉分布的裂缝网络结构;当围压应力较高时,最终形成的破坏主裂缝数量减少,次生裂缝消失,裂缝的面积、长度和宽度增大,而分形维数降低,形态复杂的裂缝网络被近似直线的破坏裂缝所取代。围压应力对岩石破坏裂缝扩展的能量耗散和能量释放特征有显著的影响。随着围压应力的增加,单位体积内的可释放弹性应变能线性增加,而耗散能则呈线性递减趋势。低围压应力时破坏裂缝的耗散能较大,从而产生了几何形态复杂、数量众多的微裂缝。而高围压应力时的耗散能较少,产生的破坏裂缝数量减少,几何形态趋于简单化、规则化。

参 考 文 献

[1] 瞿光明.关于非常规油气资源勘探开发的几点思考[J].天然气工业,2008,28(12):1−3.

[2] 雷群,王红岩,赵群,等.国内外非常规油气资源勘探开发现状及建议[J].天然气工业,2008,28(12):7−10.

[3] Swan G. The observation of cracks propagating in rock plates[J]. International Journal of Rock Mechanics and Mining Sciences and Geomechanics Abstracts,1975,12(11):329−334.

[4] Sato A,Hirakawa Y,Sugawara K. Mixed mode crack propagation of homogenized cracks by the two-dimensional DDM analysis [J]. Construction and Building Materials,2001,15(5-6):247−261.

[5] Al-Shayea N A. Crack propagation trajectories for rocks under mixed mode I-II fracture [J]. Engineering Geology,2005,81(1):84−97.

[6] Parka C H,Bobetb A. Crack initiation,propagation and coalescence from frictional flaws in uniaxial compression [J]. Engineering Fracture Mechanics,2010,77(14):2727−2748.

[7] Camonesa L A M,Euripedes D A V J,Figueiredob R P D,et al. Application of the discrete element method for modeling of rock crack propagation and coalescence in the step-path failure mechanism [J]. Engineering Geology,2013,153(8):80−94.

[8] 孔园波,华安增.裂隙岩石破裂机制研究[J].煤炭学报,1995,20(1):72−76.

[9] 李海波,张天航,邵蔚,等.三轴压缩情况下岩石变形特征的滑移型裂纹模拟[J].岩石力学与工程学报,2005,24(17):3119−3124.

[10] 任建喜,冯晓光,刘慧.三轴压缩单—裂隙砂岩细观损伤破坏特性CT分析[J].西安科技大学学报,2009,29(3):300−304.

[11] 任建喜,葛修润.裂隙花岗岩卸载损伤破坏全过程CT实时试验[J].自然科学进展,2003,13(3):275−280.

[12] 李廷春,吕海波. 三轴压缩载荷作用下单裂隙扩展的 CT 实时扫描试验[J]. 岩石力学与工程学报,2010,29(2):289—296.

[13] 李林,陈结,姜德义,等. 单轴条件下层状盐岩的表面裂纹扩展分析[J]. 岩土力学,2011,32(5):1394—1398.

[14] 杨圣奇. 断续三裂隙砂岩强度破坏和裂纹扩展特征研究[J]. 岩土力学,2013,34(1):31—39.

[15] 杨永明,鞠杨,毛灵涛. 三轴应力下致密砂岩裂纹展布规律及表征方法[J]. 岩土工程学报,2014,36(5):864—872.

[16] 杨永明,鞠杨,陈佳亮,等. 三轴应力下致密砂岩的裂纹发育特征与能量机制[J]. 岩石力学与工程学报,2014,33(4):691—698.

彩　　图

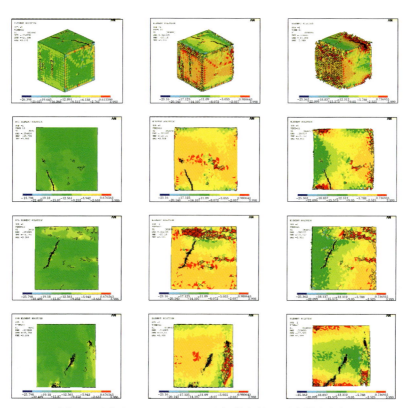

图 6.3　围压 $\sigma_x = \sigma_z = 10\text{MPa}$ 和卸载条件下裂隙煤岩内部
主应力 σ_1 分布的三维和横截面图

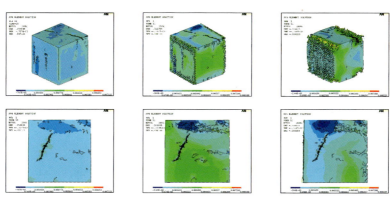

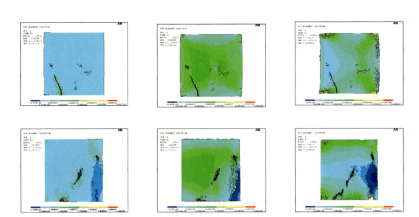

图 6.4　围压 $\sigma_x = \sigma_z = 10\mathrm{MPa}$ 和卸载条件下裂隙煤岩内部

主应力 σ_1 分布的三维和横截面图

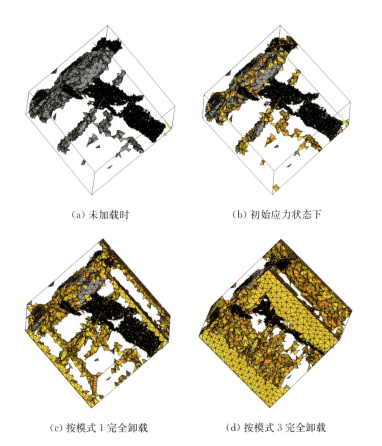

（a）未加载时　　　　　　　　　　　（b）初始应力状态下

（c）按模式 1 完全卸载　　　　　　　（d）按模式 3 完全卸载

图 6.5　围压 $\sigma_x = \sigma_z = 10\mathrm{MPa}$ 和卸载条件下裂隙煤岩破坏

单元和破坏区域的空间分布

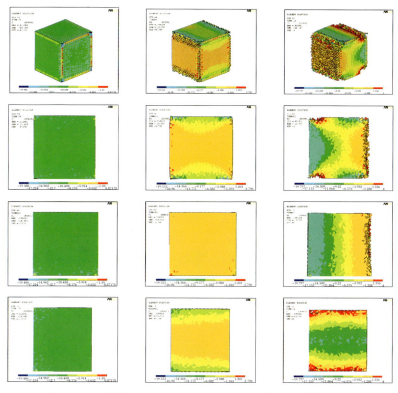

图 6.6 初始围压 $\sigma_x = \sigma_z = 10$MPa 和卸载条件下完整煤岩内部
主应力 σ_1 分布的三维和横截面图

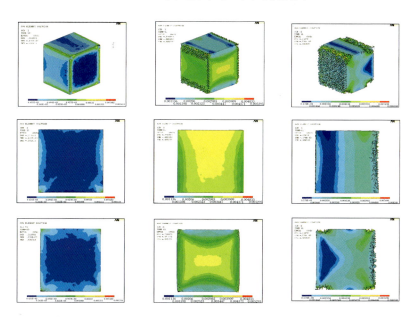

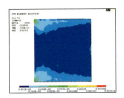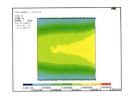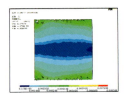

图 6.7　初始围压 $\sigma_x = \sigma_z = 10\text{MPa}$ 和卸载条件下完整煤岩内部
主应变 ε_1 分布的三维和横截面图

（a）按模式 1 完全卸载　　　　　　（b）按模式 2 完全卸载

图 6.8　初始围压 $\sigma_x = \sigma_z = 10\text{MPa}$ 及卸载条件下完整
煤岩的破坏单元及空间分布

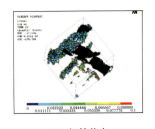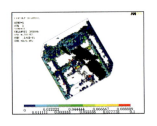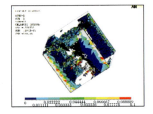

（a）初始状态　　　　　　（b）按模式 1 完全卸载　　　　　　（c）按模式 2 完全卸载

图 6.9　裂隙煤岩破坏单元的可释放弹性应变能的空间分布

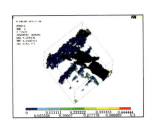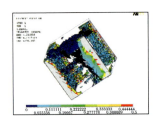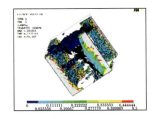

（a）初始状态　　　　　　（b）按模式 1 完全卸载　　　　　　（c）按模式 2 完全卸载

图 6.10　裂隙煤岩破坏单元的耗散能的空间分布